玩转 PythonFastAPI：Web 开发+DeepSeek 实践+MCP 智能体

冯印杰　著

清华大学出版社

北　京

内 容 简 介

本书是一本全面深入剖析 FastAPI 框架的书籍，旨在帮助读者快速掌握使用 FastAPI 进行 Web 开发的方法，并深入理解 FastAPI 如何与大模型相结合。本书从 FastAPI 的基础知识入手，逐步深入到环境配置、项目初始化、基础教程，再到数据库操作、项目实战、AI 问答等高级主题。书中不仅涵盖了 FastAPI 的核心概念和使用技巧，如依赖注入、身份认证、中间件等，还详细介绍了如何与数据库进行交互，以及如何实现用户管理和权限控制等复杂功能。此外，书中还探讨了如何将大模型集成到 FastAPI 应用中，实现智能问答功能。通过实战案例和项目部署，读者可以学习到如何将理论应用于实践，构建高性能的 Web 应用。无论是初学者还是有经验的开发者，都能从本书中获得宝贵的知识和技能。

图书在版编目（CIP）数据

玩转 Python FastAPI：Web 开发+DeepSeek 实践+MCP 智能体 / 冯印杰著.

北京：清华大学出版社，2025. 9. -- ISBN 978-7-302-70380-8

Ⅰ. TP312

中国国家版本馆 CIP 数据核字第 20252D977Y 号

责任编辑：贾旭龙
封面设计：秦　丽
版式设计：楠竹文化
责任校对：范文芳
责任印制：刘海龙

出版发行：清华大学出版社
　　　　　网　　址：https://www.tup.com.cn，https://www.wqxuetang.com
　　　　　地　　址：北京清华大学学研大厦 A 座　　　邮　　编：100084
　　　　　社 总 机：010-83470000　　　　　　　　　邮　　购：010-62786544
　　　　　投稿与读者服务：010-62776969，c-service@tup.tsinghua.edu.cn
　　　　　质量反馈：010-62772015，zhiliang@tup.tsinghua.edu.cn
印 装 者：河北鹏润印刷有限公司
经　　销：全国新华书店
开　　本：185mm×230mm　　　印　张：22.5　　　字　数：297 千字
版　　次：2025 年 9 月第 1 版　　　　　　　　印　次：2025 年 9 月第 1 次印刷
定　　价：119.00 元

产品编号：099548-01

前　言

Preface

本书将引导你从零开始构建一个完整的后端系统，其中包括用户管理、权限控制、动态路由，以及待办事项的管理。我们会一步步展示如何设计数据库模型、实现安全的用户认证和授权、处理复杂的业务逻辑，以及如何有效地测试和部署应用。

为什么选择 FastAPI

FastAPI 的设计充分考虑了开发速度与运行性能的平衡，它能让你以最少的代码实现强大的功能。此外，它的异步编程支持使得应用可以处理大量的并发请求，非常适合现代的互联网应用需求。

本书的目标读者

无论你是刚开始接触后端开发的新手，还是希望将现有知识迁移到现代异步框架的经验丰富的开发者，本书都能为你提供清晰的指南和实战经验。通过本书的学习，你将能够掌握 FastAPI 的核心功能，了解如何在实际项目中应用这些功能来构建安全、可维护、高性能的后端服务。

你将学到什么

- ☑ **FastAPI 基础**：掌握 FastAPI 的基本概念，包括 API 路由、依赖注入和中间件的使用。
- ☑ **数据库与 ORM**：学习如何使用 SQLAlchemy 来设计和操作数据库。
- ☑ **鉴权与安全**：实现基于 JWT 的认证系统，并了解如何保护你的 API 免受常见的安全威胁。
- ☑ **高级功能**：探索 FastAPI 的高级功能，如自定义响应、后台任务等。
- ☑ **测试与部署**：学习如何为你的应用编写测试，以及如何使用 Docker 和云服务进行部署。

随着你深入本书内容，你将通过构建一个实际的项目来逐步巩固其中概念。我们不仅会提供代码示例，还会探讨设计决策背后的原因，以及如何解决开发中遇到的常见问题。希望本书能成为你的启蒙书籍，帮助你成为一名能够独立解决问题的后端开发者。让我们开始这段学习之旅吧！

目　录

Contents

第一篇　FastAPI 基础

第二篇 FastAPI 项目实战

第三篇　FastAPI 与大模型 AI

第一篇　FastAPI 基础

　　欢迎开启 FastAPI 学习之旅！在本篇中，我们将全面深入地探索 FastAPI 的世界。从第 1 章的 FastAPI 概述与项目初始化开始，了解其基础架构和开发环境搭建，快速上手并小试牛刀。接着深入 Pydantic 与数据请求，掌握各类请求方式及数据校验技巧。随后探讨响应体、文件上传、跨域等重要内容，以及依赖注入、身份认证、中间件、测试熔断和 WebSocket 等核心知识，还会涉及数据库的应用，通过用户管理案例展现实战能力。让我们一起逐步揭开 FastAPI 的神秘面纱，提升技能，开启高效的 Web 开发新征程吧！

第1章
FastAPI 概述和项目初始化

1.1 FastAPI 简介

在当今快速变化的技术世界中，FastAPI 和人工智能（AI）结合的产品代表了前沿技术的融合，开启了高效、智能化应用开发的新篇章。FastAPI，作为一种现代、快速（高性能）的 Web 框架，为开发者提供了简洁明了的异步编程模型，以及强大的类型检查功能。当这种技术与 AI 的强大能力相结合时，我们不仅能够开发出响应速度极快的应用程序，还能在这些应用程序中嵌入深度学习、机器学习和自然语言处理等智能功能，从而为用户提供前所未有的体验。

通过利用 FastAPI，开发者可以轻松构建 RESTful API，这些 API 能够快速、高效地处理客户端请求，并将其转发给底层的 AI 模型。这种架构不仅优化了数据处理流程，还确保了即时的数据交换和处理，使得 AI 模型能够即时分析数据并提供反馈。此外，FastAPI 的自动文档生成功能还大大简化了 API 的测试和维护过程，加速了从概念到生产的过程。

结合 AI，这些产品能够学习和适应用户的行为和偏好，提供个性化的用户体验，从智能推荐系统到自然语言处理和图像识别，FastAPI 与 AI 的结合打开了无限的可能性。这不仅使企业能够创造出创新和吸引人的产品，还能通过智能化的决策支持和自动化流程，提高操作效率和决策质量。

总之，FastAPI 加上 AI 的组合是人类向着更智能、更互联的世界迈出的重要一步。无论是开发人员寻求构建下一代应用程序，还是企业寻找变革其服务和操作的方式，这种技术的融合都提供了强大的工具和无限的潜力。随着技术的不断进步和创新，我们期待看到更多突破性的产品和解决方案，为用户带来更加丰富和高效的体验。

1.2　环境配置安装

Python 是一种流行的、易学易用的编程语言，被广泛应用在各个行业。它是一种功能强大的脚本语言，可用于开发各种应用程序和系统软件。Python 不仅可以用于用户界面开发，还可以用于后端开发，特别是在 Web 应用开发中，Python 在安全性、性能和可维护性方面都有良好的表现。工欲善其事，必先利其器，如果你的计算机没有装过 Python，直接下载安装即可。官方下载地址为 https://www.python.org/downloads/，如图 1.1 所示。

图 1.1　Python 官方下载地址

下载后打开 python.exe 文件，单击 Install Now 选项，以及选中 Add python.exe to PATH 复选框，如图 1.2 所示。

图 1.2　下载安装 Python

等待安装即可，如图 1.3 所示。

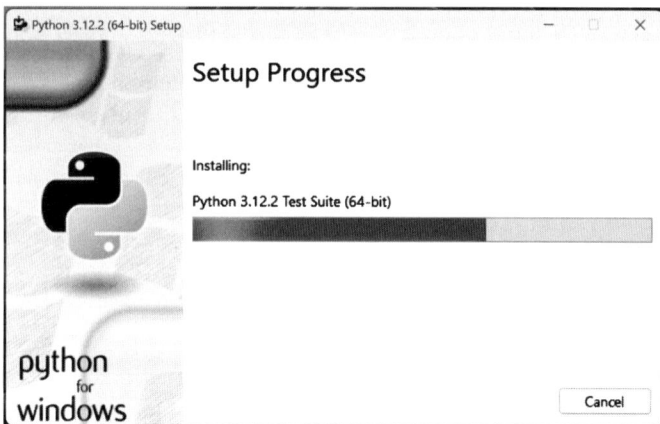

图 1.3　安装过程

安装完成，单击 Close 按钮关闭界面，如图 1.4 所示。

验证 Python 安装是否成功，打开命令行 cmd，在命令行中输入命令 python --version。

Python 的不同版本有不同的功能和特性，因此，在一台计算机上管理多个 Python 版本就变得尤为重要。

要管理和切换不同版本的 Python 解释器，并关注项目的依赖项管理和环境隔离，结合使用 pyenv 可能是一个很好的选择。

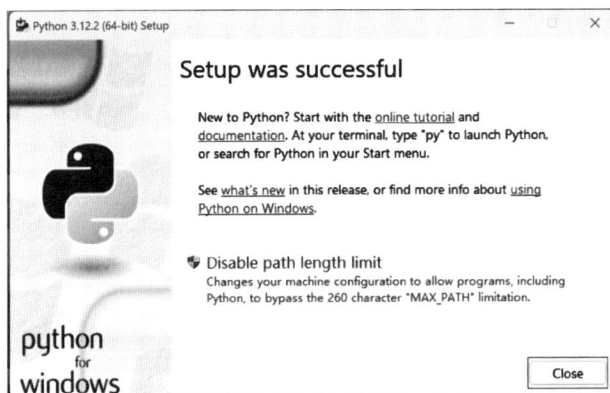

图 1.4　安装完成

pyenv 是一个 Python 版本管理工具，可以在一台计算机上安装多个 Python 版本，并且可以在不同的项目中使用不同的 Python 版本。pyenv 可以安装和管理 Python 的低版本和高版本，而且支持多种操作系统，可以实现不同系统之间的 Python 版本切换，如图 1.5 所示。

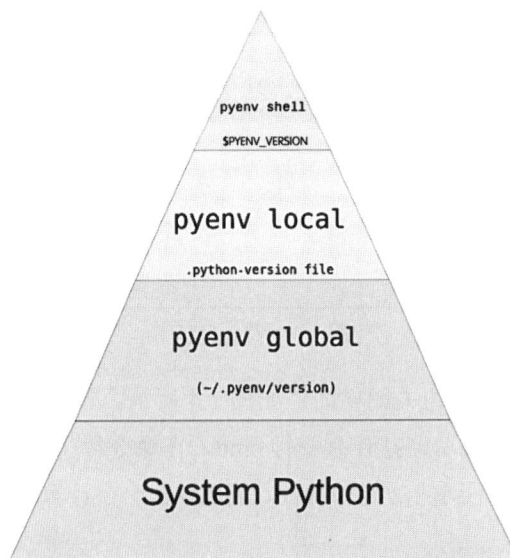

图 1.5　pyenv 版本管理

pyenv 的安装和使用在不同操作系统上略有不同。以下是在 Linux、macOS 和 Windows 上安装和使用 pyenv 的一般步骤。

安装所需的依赖项。对于 Debian/Ubuntu 系统，安装命令如下。

```
sudo apt-get update
sudo apt-get install git curl build-essential libssl-dev zlib1g-dev
libbz2-dev libreadline-dev libsqlite3-dev llvm libncursesw5-dev xz-utils
tk-dev libxml2-dev libxmlsec1-dev libffi-dev liblzma-dev
```

CentOS/Fedora 系统的安装命令如下。

```
sudo dnf install git curl make bzip2 bzip2-devel readline-devel sqlite
sqlite-devel openssl-devel tk-devel libffi-devel xz-devel
```

克隆 pyenv 仓库，命令如下。

```
git clone https://github.com/pyenv/pyenv.git ~/.pyenv
```

配置环境变量，将以下代码添加到 bashrc 或 bash_profile 文件中，并重新加载 shell。

```
export PYENV_ROOT="$HOME/.pyenv"
export PATH="$PYENV_ROOT/bin:$PATH"
eval "$(pyenv init --path)"
```

使用 pyenv install 命令安装所需的 Python 版本，示例如下。

```
pyenv install 3.10.12
```

使用 pyenv global 命令设置默认的全局 Python 版本，命令如下。

```
pyenv global 3.10.12
```

在 Windows 上使用 pyenv 需要利用 pyenv-win 工具。从 GitHub 仓库（https://github.com/pyenv-win/pyenv-win）下载最新的可执行文件，并按照说明安装。

添加 PYENV 环境变量，并将%PYENV%\bin 添加到 Path 环境变量。

使用 pyenv install 命令安装所需的 Python 版本。

使用 pyenv global 命令设置默认的全局 Python 版本。

运行 python --version 命令验证 Python 版本。

注意，在 Windows 上使用 pyenv 的体验可能与在 Linux 和 macOS 上略有不同，因为 Windows 平台的环境和工具支持有所差异。macOS 的安装步骤与 Linux 类似。读者可以按照上述 Linux 的步骤进行操作，也可以使用 brew 进行安装，命令是 brew install pyenv。使用 pyenv 进行安装，命令是 pyenv install 3.12.2。

列出 pyenv 可用的所有 Python 版本，命令是 pyenv versions。

切换到最新版本 Python 3.12.2，命令是 pyenv global 3.12.2。

经过以上设置，就可以在本地管理多个环境了。

1.3　开发环境配置

Visual Studio Code 是一个轻量级但功能强大的源代码编辑器，可以在桌面上运行，并且适用于 Windows、macOS 和 Linux。它内置了对 JavaScript、TypeScript 和 Node.js 的支持，并拥有针对其他语言和运行时（例如 C++、C#、Java、Python、PHP、Go、.NET）的丰富扩展生态系统。下载地址是 https://code.visualstudio.com/。

PyCharm 是用于数据科学和 Web 开发的 Python IDE。PyCharm 的下载地址是 https://www.jetbrains.com/PyCharm。

Git for Windows 专注于提供一套轻量级的本机工具，将 git scm 的完整功能集引入 Windows，同时为经验丰富的 Git 用户和新手提供适当的用户界面。Git for Windows 提供了用于从命令行运行 Git 的 BASH 模拟。*NIX 用户应该感到宾至如归，因为 BASH 模拟的行为就像 Linux 和 Unix 环境中的 git 命令一样。下载地址为 https://gitforwindows.org/。Mac 命令是 brew install git，Linux 命令是 yum install git。在 Windows 中直接下载对应 exe 文件，双击文件即可安装，下载链接为 https://git-scm.com/downloads/win。

Node.js 是一个免费、开源、跨平台的 JavaScript 运行时环境，可让开发人员创建服务器、Web 应用程序、命令行工具和脚本。下载地址为 https://nodejs.org/en。淘宝源为 npm config set registry=https://registry.npm.taobao.org。全局安装 pnpm 命令为 npm i -g pnpm，验证命令为 pnpm -v。

1.4　项目框架

本 FastAPI 项目采用企业级开发框架，集成了依赖注入和自动配置等功能。FastAPI 是一个高效的现代 Web 框架，适用于构建 API，它结合了 Starlette 和 Pydantic 技术。为打造从零到一的项目，系统化地追踪项目进展，我们将使用 Git 版本控制工具在 GitHub 上管理每一次的代码变更。

首先，打开 IDE（本书示例使用的是 PyCharm）创建项目文件夹，命令如下。

```
mkdir fastapi_ai
cd fastapi_ai
```

接着，创建后端项目，命令如下。

```
mkdir fast_dev  -- 后端文件夹
mkdir fast_front -- 前端文件夹
```

然后，进行项目初始化，命令如下。

```
cd fast_dev
pdm init
```

1.5　FastAPI 小试牛刀

要体验 FastAPI 的高效性能和构建 Web 服务，首先需要安装 FastAPI，本节介绍如何安装配置并初步使用 FastAPI。

1.5.1　安装 FastAPI

可通过简单的 pip 或 pdm 命令安装 FastAPI，代码如下。

```
pdm add fastapi
```

建议安装所有依赖。这个命令不仅安装了 FastAPI，还安装了所有可选依赖项（包括 uvicorn，一个用于运行应用的轻量级 ASGI 服务器）。

```
pip install fastapi[all]
```

分步安装代码如下。

```
pip install fastapi
pip install pydantic
pip install uvicorn[standard]
```

1.5.2　导入并使用

在 Python 中，使用 from 关键字可以从模块中导入特定的组件，如函数、类或变量。这样做可以让你直接在代码中使用这些组件，而不必每次都加上模块名前缀，从而使代码更简洁易读。例如，使用 FastAPI 时可以用如下代码导入并使用。

```
from fastapi import FastAPI
app = FastAPI()
# 使用实例化后的 app 对象映射路由。
@app.post("/post")
@app.put("/put")
@app.delete("/delete")
@app.options("/options")
@app.head("/head")
@app.patch("/patch")
@app.trace("/trace")
# 注意：路由路径必须以"/"开头，且必须是装饰器形式。
# 可以使用语法糖@新函数来简化装饰器的使用。
# 路由对应的业务函数可以返回任意类型的数据，如数字、列表等。
@app.get("/")
def index():
    return {"msg":"hello fastapi"}
```

这样就可以在不改变旧函数代码的情况下，通过装饰器增加新功能，简化代码并提高可读性。

1.5.3　安装 uvicorn 作为服务器

使用 pdm 安装 uvicorn 服务的命令如下。

```
pdm add uvicorn
```

使用命令 uvicorn main:app –reload 启动服务。其中，main 指 main.py 文件，app 指第二步实例化后的对象名称，--reload 参数使得服务在代码更改后自动重启，但会消耗额外性能，不推荐在生产环境中使用。--host 0.0.0.0 和--port 8735 分别指定服务的主机地址和端口。

启动 uvicorn 服务的命令如下。

```
nohup uvicorn main:app --host 0.0.0.0 --port 8735
```

1.5.4　快速体验

在 src 目录下创建 run.py 作为项目主入口，代码如下。

```
import uvicorn
from fastapi import FastAPI
app = FastAPI()
@app.get('/')
async def index():
    return {'hello fastapi'}


if __name__ == '__main__':
    uvicorn.run(app='run:app', host='127.0.0.1', port=8735, reload=True,
access_log=False, workers=1)
```

在终端运行 uvicorn main:app --reload 来启动服务器。这个命令会指示 uvicorn 从 main.py 文件中加载 app 对象，并开启热重载功能。你也可以直接在 IDE 中右击 run 选项，或进入 src 目录运行 pdm run run.py 命令以启动项目。

现在 API 服务已在本地运行。你可以通过访问 http://127.0.0.1:8735/在浏览器中查看它，如图 1.6 所示。

图 1.6　浏览器访问

1.5.5　API 文档

Swagger UI 是一个基于 OpenAPI 规范的流行工具，它提供了一个 Web 界面，使用户能够直接在浏览器中探索 API。用户可以查看 API 文档、执行 API 调用并查看响应，无须编写任何代码。

OpenAPI 通过提供一种标准化的方式来描述 RESTful API，使得开发、测试、集成和文档化过程更加高效。它有助于提高 API 的可用性和互操作性，同时减少与 API 开发和维护相关的工作量。你可以通过以下链接访问 API 文档和路由。

- 自定义路由：http://127.0.0.1:8753/user（对应@app.get("/user")）。
- Swagger 接口文档：http://127.0.0.1:8753/docs。
- ReDoc 接口文档：http://127.0.0.1:8753/redoc。
- JSON 文档：http://127.0.0.1:8753/openapi.json。

Swagger UI 还能自动生成与你的 API 进行通信的客户端代码，这些都是基于 OpenAPI 的。如果你想让某个路由不出现在 API 文档中，可以设置 include_in_schema=False，这样接口地址就不会显示在文档里了。

FastAPI 支持配置多个服务器，也就是多路由，这允许我们进行如下设置。

```python
from fastapi import FastAPI
from fastapi.openapi.models import Server
server1 = Server(url="http://example.com", description="optional description")
server2 = Server(url="http://test.com")
app = FastAPI(servers=[server1, server2])
@app.get("/")
async def root():
    return {"message": "Hello World"}
```

第2章
Pydantic 与数据请求

2.1　Pydantic 是什么

Pydantic 是一个快速且可扩展的库，能与 linter/IDE 完美配合。Pydantic 使用 Python 3.7+ 的纯数据格式定义，并通过 Pydantic 对数据进行验证，是 Python 中最广泛使用的数据验证库。Pydantic 官方文档为 https://docs.pydantic.dev/。Pydantic 的特点包括如下几点。

- 由类型提示支持，减少学习成本和代码量，与 IDE 和静态分析工具集成。
- 核心验证逻辑用 Rust 编写，是最快的 Python 数据验证库之一。
- 支持生成 JSON 模式，便于与其他工具集成。
- 提供严格和宽松模式，分别对应不转换数据（strict=True）和尝试转换数据（strict=False）。
- 支持标准库类型的验证，如 dataclass 和 TypedDict。
- 允许定制验证器和序列化器，以多种方式改变数据处理。
- 生态系统强大，PyPI 上有约 8000 个包使用 Pydantic，包括 FastAPI、huggingface、Django Ninja、SQLModel 和 LangChain 等流行库。
- 经过实战检验，每月下载量超过 7000 万次，FAANG 公司和纳斯达克 25 家最大公司中的 20 家都在使用。

建议读者直接学习 Pydantic V2，官方已停止 V1 的开发，且 V2 之后不会进行重大更改。这是一个重大的更新，涉及非常多内容。

可使用如下命令安装 Pydantic。

```
pip install pydantic
```

我们从一个简单的示例开始了解 Pydantic 的工作原理。

```
from pydantic import BaseModel #导入包

# 创建继承 BaseModel 的自定义类
class User(BaseModel):
    id: int # id 是 int 类型；仅注释声明告诉 Pydantic 该字段是必需的。 如果可能的话，
字符串、字节或浮点数将被强制转换为整数； 否则将引发异常。
name: str

调用方式 1(直接传值)：
user = User(id=2024,name="FastAPI")

调用方式 2(字典传值)
user = {
        "id":2024,
        "name":"FastAPI-Dict"
}
user_data = User(**user)
```

Pydantic 包含多个模型属性，下面分别进行介绍。

若一个字段不是必需的，可以使用 Optional，这样不传参的时候默认使用 None。带默认值的字段必须在不带默认值的字段后面，示例代码如下。

```
from typing import Optional
from pydantic import BaseModel
```

```
class UserInfo(BaseModel):
    id: int
    age: Optional[int] = None
gender: str = "male"
```

若不以 None 为默认值，可自定义默认值，而不必使用 Optional，例如下列代码。

```
gender: str = "male"
```

使用 Union 可以为字段设置多种数据类型，以适应不同的业务需求。这样做能显著提升代码的可读性和维护性。

```
from typing import Optional, Union, List
class UserList(BaseModel):
feed_id: Union[int, str]
dep_id: List[int or str]    # 用 or 链接
us_list = {
"feed_id": 2024,    # 默认值设置
"dep_id": ["0401"]
}
print("\033[31m ------------多种数据类型-------------------\033[0m")
print(UserList(**us_list))
```

嵌套模型指的是在一个模型中关联多个子模型。例如，一个人模型可以包含性别和年龄等属性，如果还需要关联这个人的老师，就可以创建一个 Teacher 模型。在这个例子中，首先定义了一个 Gender 模型，然后在 Person 模型中嵌套了 Gender 模型以表示性别属性。接着，在 Class 模型中嵌套了 Person 模型，从而表示班级中学生与老师的关系。这样的设计使得数据结构更加清晰，便于管理和扩展。

```
from enum import Enum

# 性别
class Gender(str, Enum):
man = "man"
```

```
women = "women"

# 人
class Person(BaseModel):
name: str
gender: Gender

class UserClass(BaseModel):
name: str
teacher: Person

per_data = {
"name": "jack",
"teacher": {
"name":"DataScience",
"gender": Gender.man.value
}
}
print(UserClass(**per_data))
```

2.2　GET 请求

在 Web 开发中，HTTP（超文本传输协议）是用于客户端和服务器之间通信的一种协议。GET 请求是 HTTP 中用于请求数据的一种方法，主要用于从服务器获取资源。

GET 请求主要用于从资源（如网页或文件）获取数据，用于检索而非提交数据。例如，输入网址时浏览器会发送 GET 请求获取页面。GET 请求参数附加在 URL 后，用?分隔，多个参数以&连接，如 http://example.com/api/users?name=Jack&wx=datascience。

请求参数是客户端发送给服务器的额外信息，包括用户输入、操作指令或请求行为的指定，以便服务器处理请求并返回相应的响应，下面介绍几类常见的请求参数。

路径参数嵌入 URL 路径中，如 http://example.com/api/users/2024 中的 2024，它指定了用户的 ID。用于指定资源位置或进行资源特定操作，如获取、更新或删除特定 ID 资源，调用路径参数的示例代码如下。

```python
from fastapi import FastAPI
app = FastAPI()

# 1. 路径参数
@app.get('/get_{id}', summary='路径参数')
def get_path_id(id):
print(f"id类型为 {type(id)}")  # 类型是 str 类型
    print(id)
    return {'id': id}
可以用另一种方式在命令行运行项目(默认端口为 8000):
uvicorn 02_Get:app --reload
```

这样我们的项目就运行起来了。

通过地址 http://127.0.0.1:8000/get_2024 访问接口，如图 2.1 所示。

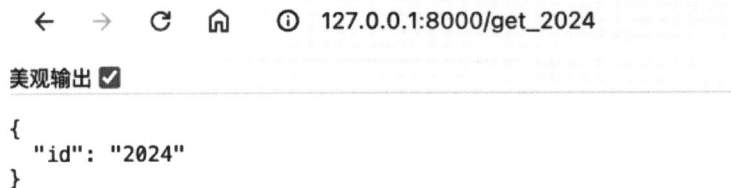

图 2.1　访问接口示例

当然，我们也可以在 docs 接口页面进行测试，访问 docs 界面，如图 2.2 所示。http://127.0.0.1:8000/docs#/default/get_path_id_get__id__get，在 id 必传参数的输入框内输入：2024，单击 Execute，即可测试接口是否正常，在 Response body 即可看到返回数据。

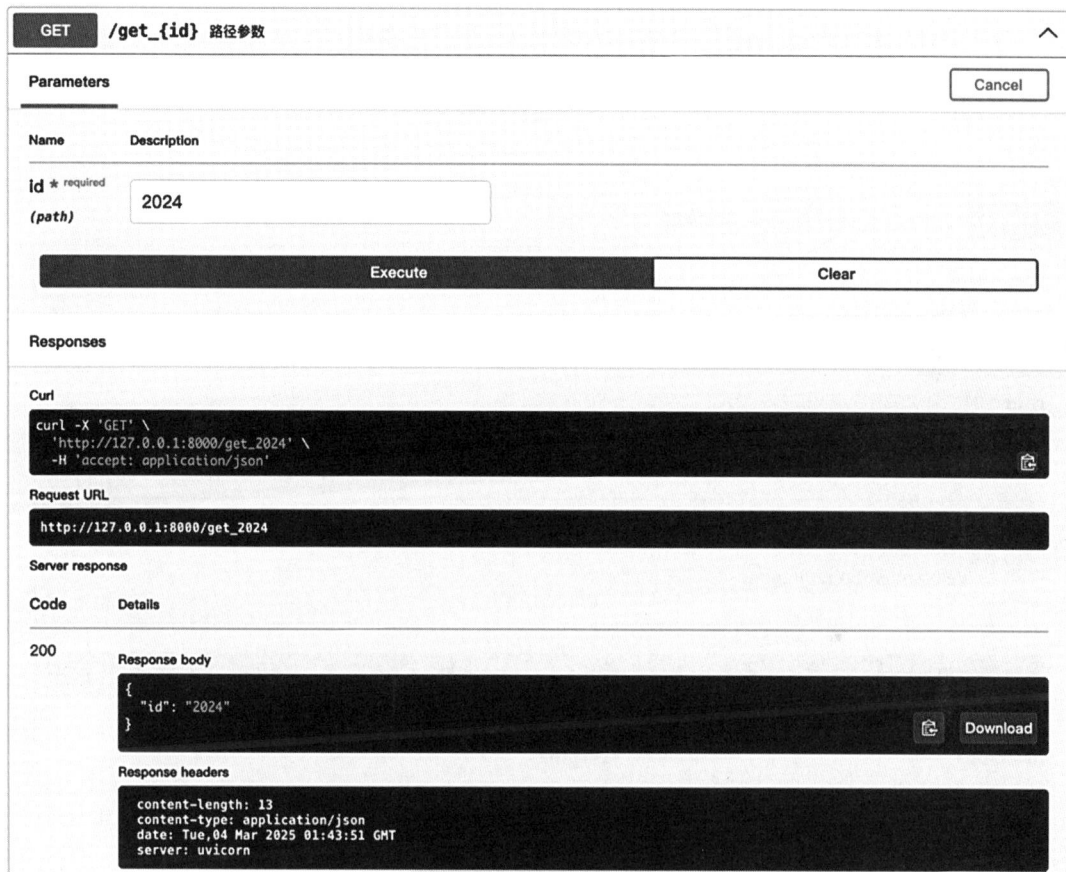

图 2.2　docs 接口界面

限定参数类型：在函数参数中限定类型，如下所示。

```
@app.get('/get/{p_id}', summary="路径参数（限制类型）")
def get_path_id(p_id: int):
    print(f"id 类型为 {type(p_id)}")  # 类型是 int 类型
    print(p_id)
return {'p_id': p_id}
```

这种类型限制常用于确保参数符合预期格式，如确保 ID 是整数或电子邮件地址符合邮箱格式。如果传入的数据类型不正确，FastAPI 会抛出类型错误异常，如图 2.3 所示。

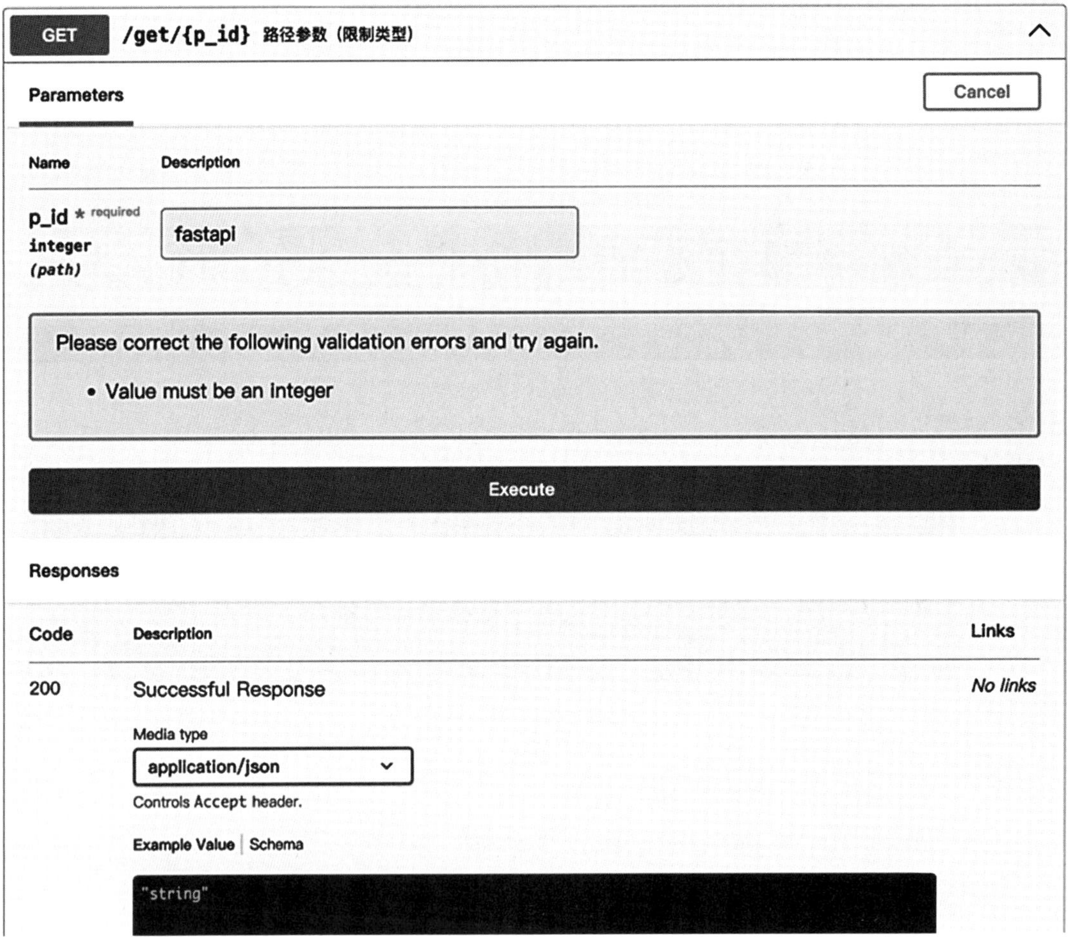

图 2.3 类型错误异常

正确传入数据类型时，请求和响应将正常进行，如图 2.4 所示。Pydantic 会自动处理数据验证，这简化了问题排查的过程。

路径转换器支持将包含斜杠（/）的路径作为参数传递。例如，可以将姓名、年龄和住址作为参数传递，如/Jack/18/xxx。在 FastAPI 中，可以使用如下代码定义路径转换器。

图 2.4　数据类型正确示例

```
@app.get("/get/{info:path}", summary="路径转换器：将一个路径作为参数")  # 这里
必须叫 path
def get_info_path(info: str):
```

```
return info
```

这里的 path 是 FastAPI 的路径转换器类型之一，用于匹配包含斜杠的路径段。如果输入的参数无法解析为有效整数，FastAPI 会抛出错误，如图 2.5 所示。

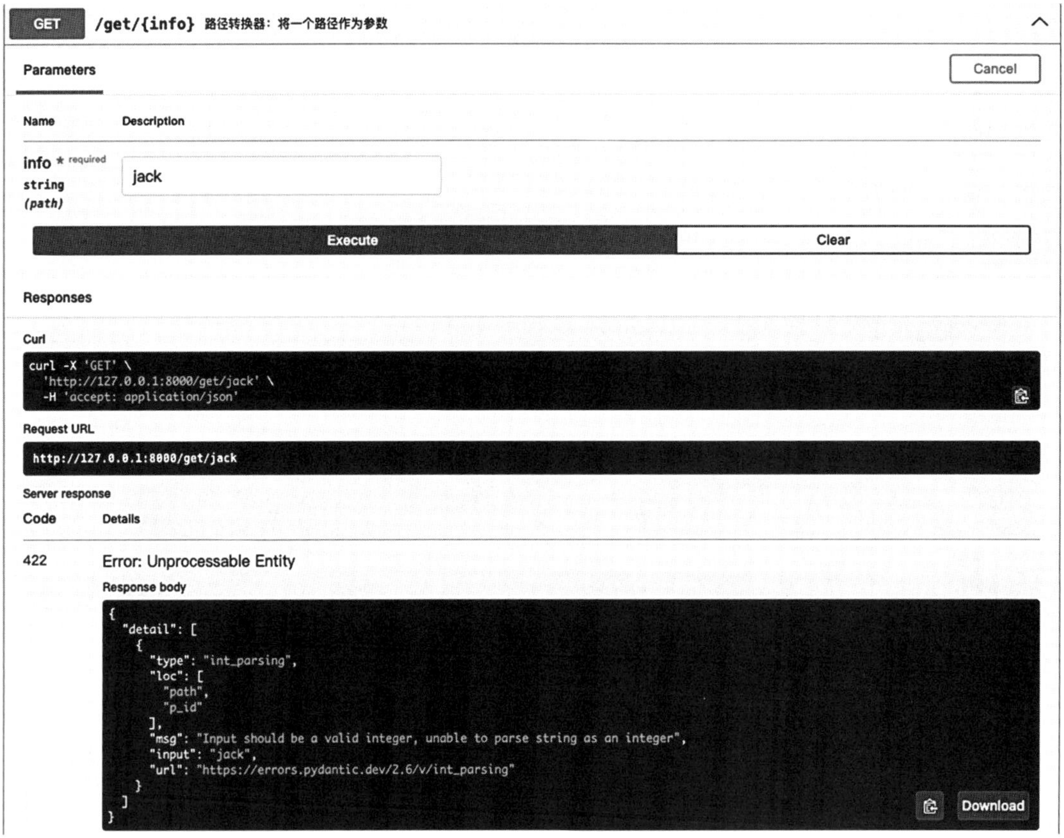

图 2.5　限定有效整数类型

解决方案也很简单，这个时候只要我们传入正确的路径及数据类型，即可成功响应，路径参数响应成功的情况如图 2.6 所示。

图 2.6　路径参数响应成功

2.2.1　查询参数

可以通过以下代码查询参数。

```
# 查询参数
```

```python
@app.get("/query", summary="查询参数")
def get_query(name: str, age: int):
    return {"name": name, "age": age}
```

查询参数的顺序并不重要，因为它们是由对应的键（key）决定的。如果某些参数未提供，可以通过设置默认值来解决，但要注意，默认值可能不是你想要的，所以使用时需要慎重考虑。

在 FastAPI 中，可选参数可以通过设置默认值来定义。以下是关于可选参数的要点。

● 如果提供了参数，它们会被使用；如果未提供，也不会影响 URL 的访问。

● 要使参数成为可选的，可以将默认值设置为 None。

● 路径参数不能有默认值，而查询参数可以。

以下是一个定义可选参数的示例。

```python
#可选参数
@app.get("/query_default",summary="可选参数")
def get_query_def(name:str=None,age:int =0):
    if name and id:
        return {"name": name, "age": age}
return {"msg":"hello default query"}
```

如果调用接口时没有提供 name 和 age 参数，或者它们的值为 None 和 0，接口将返回默认响应，如图 2.7 所示。这种情况下，接口允许传入参数，也可以不传，如果参数未被传入，将使用默认值。

在 FastAPI 中，路径参数和查询参数可以共存于同一个路由中。以下是一个示例。

```python
# 路径参数和查询参数并存
@app.get('/query/{q_id}/item/{i_id}',summary="路径参数和查询参数并存")
def get_query_and_path(
        q_id:int,
        i_id:int ,
        q_name : str=None,
        is_os : bool =False
):
```

```
item = {
    "q_id":q_id,
    "i_id":i_id,
    "q_name":q_name,
    "is_os":is_os
}
return item
```

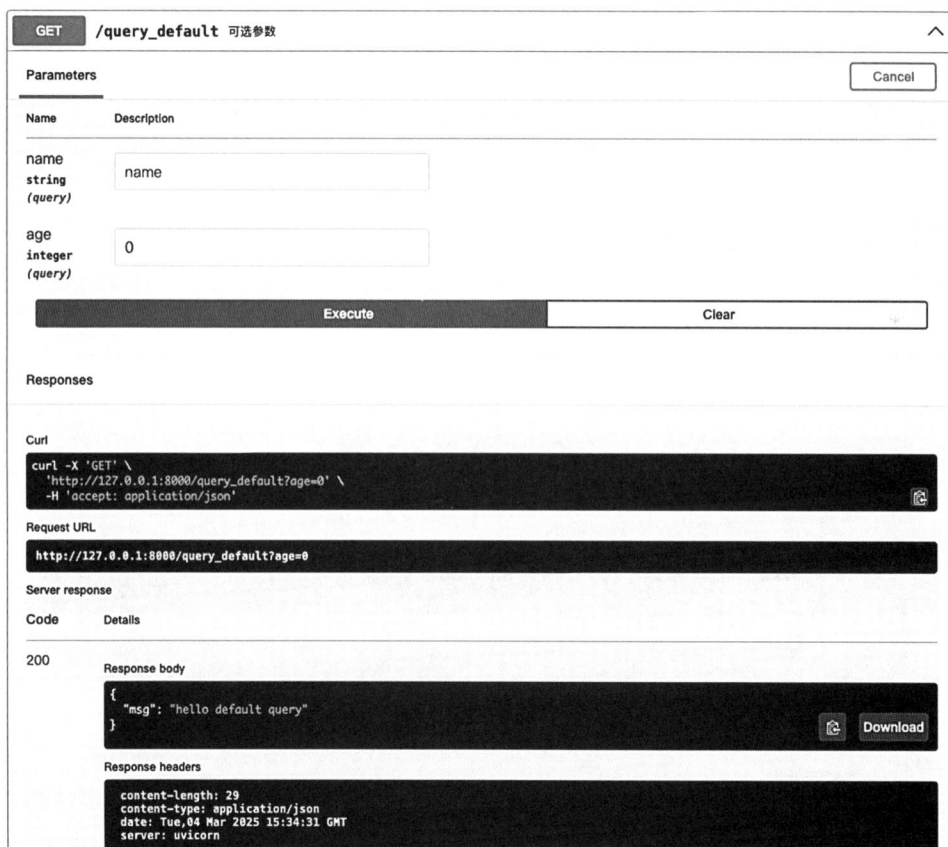

图 2.7　可选参数接口

此例的关键词解释如下。

- q_id 和 i_id 是路径参数，必须提供。
- q_name 是一个可选的查询参数，默认值为 None。
- is_os 是一个可选的查询参数，默认值为 False。

如果参数有默认值，则它是可选的；否则，它是必需的。将默认值设为 None 可以使路径参数变为可选。在 URL 中，路径参数必须位于查询参数之前。如图 2.8 所示。

图 2.8 路径与查询参数示例

2.2.2　数据校验

在实际应用开发中，为了保证接口的健壮性，我们会进行数据校验和限制不同业务接口的参数类型，比如设置必传参数和唯一主键等。

使用 Query 时，第一个参数是默认值。如果是必传参数，则第一个参数必须是省略号…，而第二个及之后的参数用于设置额外的参数选项。

```python
from fastapi import Query
@app.get("/fast_query", summary="数据校验--Query")
def get_query_check(
        check_name: str = ...,  # 必传参数
        name: str = None,  # 可选参数
        q_name: str = Query(None),  # 和前面的效果一样，但可以继续扩展
        qy_name: str = Query(None, max_length=50)  # 可选参数，但是只要传参了，
长度必须小于 50
):
    return {
        "check_name": check_name,
        "name": name,
        "q_name": q_name,
        "qy_name": qy_name,
}
```

这允许我们在接口层面上进行精细的数据校验，如图 2.9 所示。

当用户传入的值的长度不符合要求时，将会抛出异常，数据异常抛出如图 2.10 所示。

在 FastAPI 中，路径参数使用 Path 来定义，其第一个参数总是…，因为路径参数是必需的，必须作为 URL 路径的一部分。后续参数用于设置额外的参数选项，这些选项与 Query 类似。

```python
# 路径参数：Path
from fastapi import Path
```

```
@app.get('/query_path', summary="数据校验-路径参数 Path")
def get_path_check(
        item_id: int = Path(..., title="需要获取的 ID", description="不可描
述.....", ge=1, le=10),
):
    return {
        "item_id": item_id
}
```

路径参数异常如图 2.11 所示，如果传递的参数类型不正确，就会进行数据校验。

当我们限制参数长度时，如果输入不匹配，则会报错，如图 2.12 所示。

需要注意的是，除了确保类型正确外，路径参数的声明也必须准确。如果路径参数没有正确声明为 Path，将导致返回 422 错误状态，如图 2.13 所示。

图 2.9　数据校验-必传参数

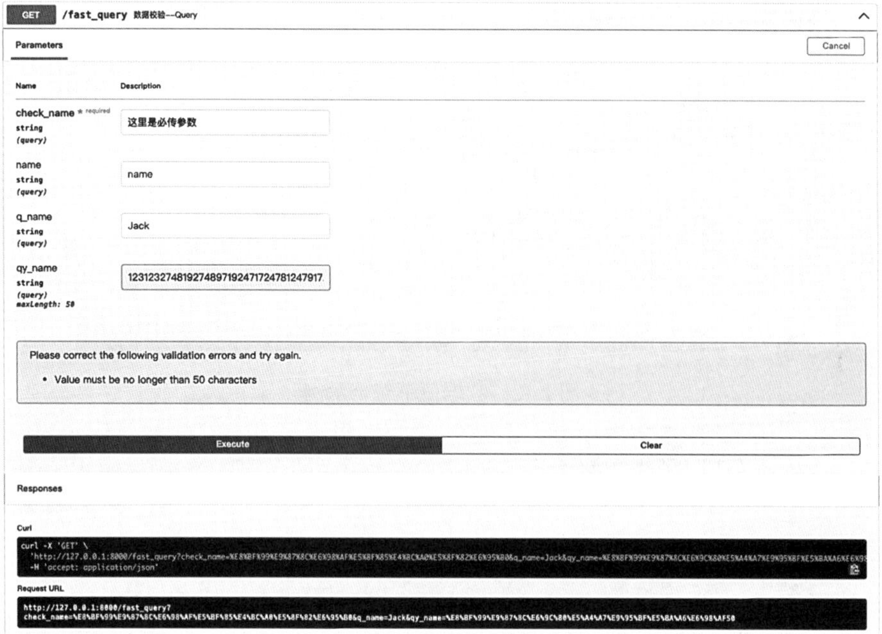

图 2.10　数据异常抛出

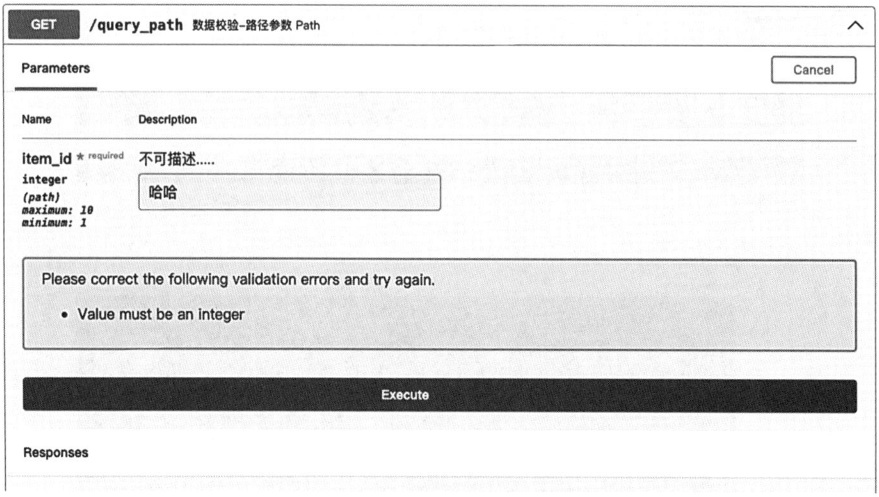

图 2.11　路径参数异常示例

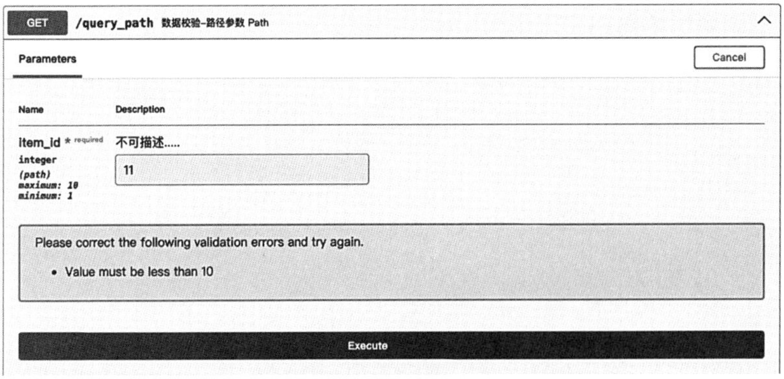

图 2.12　数据值不符合示例

图 2.13　返回 422 错误状态

如果我们输入正常范围的值，那么数据类型就会正常返回，如图 2.14 所示。

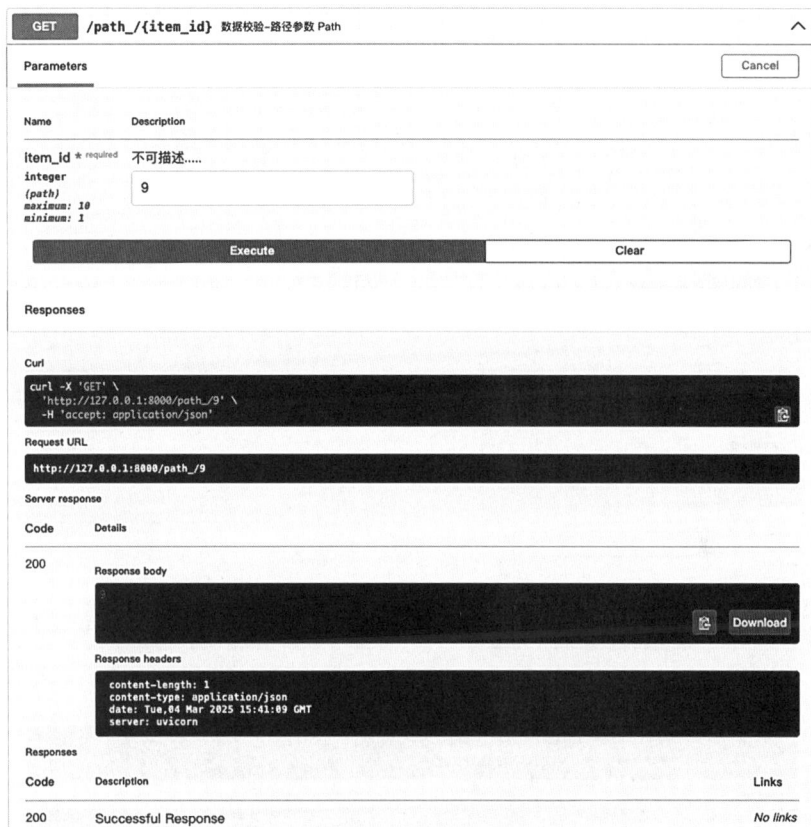

图 2.14 数据类型正常返回

```
# 正确值
@app.get('/path_/{item_id}', summary="数据校验-路径参数 Path")
def get_path_check(
    item_id: int = Path(..., title="需要获取的 ID", description="不可描
述.....", ge=1, le=10),
):
    return item_id
```

在 FastAPI 中，bool 类型的参数可以自动转换，其中 yes、on、1、True、true 都会被转换为 True，其他值则转换为 False。以下是一个处理布尔类型参数的路由示例。

```
# 类型转换
# bool 类型转换：yes、on、1、True、true 会转换成 true, 其他为 false
@app.get('/query/bool/type_bool',summary="bool 类型转换")
def type_bool(param:bool=False):
    return param
```

我们可以访问链接 http://127.0.0.1:8735/query/bool/type_bool?param=yes，类型转化结果如图 2.15 所示。

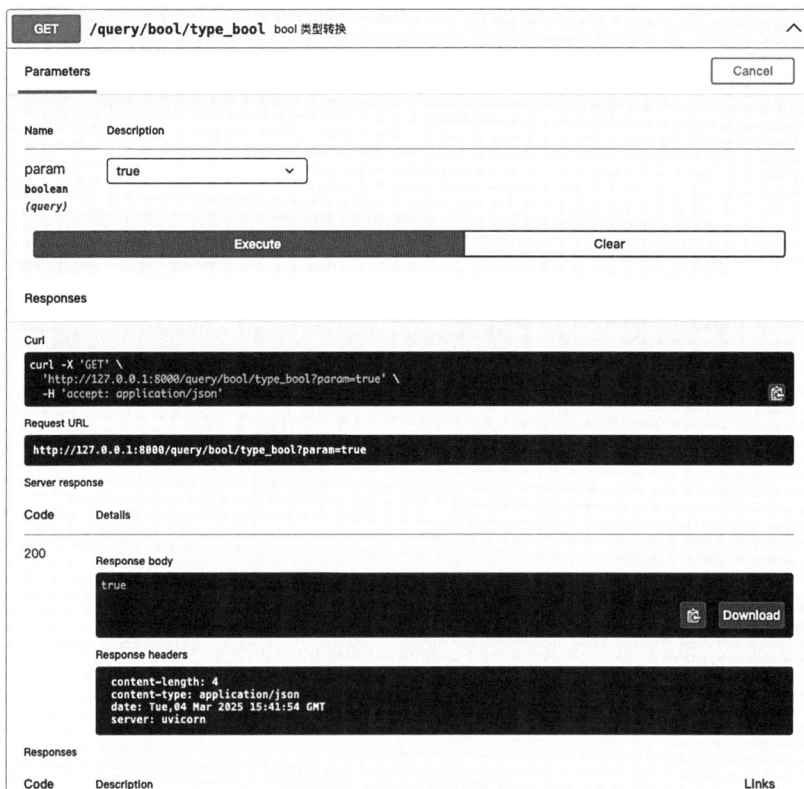

图 2.15　类型转化结果

比如长度 8～20 位，以 F 开头。其他校验方法看 Query 类的源码。

```
from typing import List
# 长度和正则表达式
@app.get('/query_length_regex',summary="长度+正则表达式")
def query_length_regex(
      value:str = Query(...,min_length=8,max_length=20,regex='^F'), # 换
成 None 就变成选填的参数,最小长度,并且正则要匹配字符中要有 'F'
      values: List[str] =Query(["V1","V2"],alias='alias_name') # 多个查询
参数的列表,参数别名
):
    return value,values
```

我们限制长度，并且加上了正则表达式，长度正则表达式如图 2.16 所示。

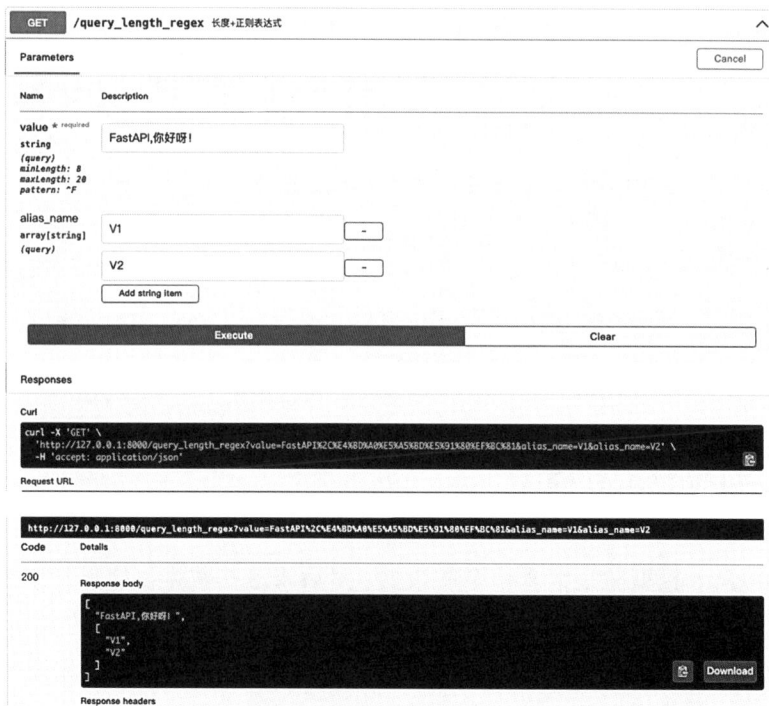

图 2.16　长度正则表达式示例

2.3　POST 请求

POST 请求是 HTTP（超文本传输协议）中的一种请求方法，主要用于向指定资源提交数据进行处理，例如提交表单数据或上传文件。与 GET 请求主要用于获取资源不同，POST 请求可用于创建新的资源或更新现有资源。以下是对 POST 请求的详细说明。

application/json 是一种互联网媒体类型，用于表示 JSON (JavaScript Object Notation)格式的数据。JSON 是一种轻量级的数据交换格式，以易于阅读的文本形式存储和传输数据，主要用于网络中的数据交换。

JSON 格式包含键-值对，其中键（key）是一个字符串，值（value）可以是字符串、数字、数组、布尔值或者是另一个 JSON 对象。这种格式的灵活性和简洁性使其成为 Web 应用程序与服务器之间通信的流行选择。一种正常类型声明方式示例如下。

```
@app.post("/post/add/",summary="POST 添加接口")
def add(index : dict):
        return index
```

如图 2.17 所示，为 POST 添加接口，传参格式必须为 JSON，键-值对的 key 为 name，value 为 fastapi-ai。

2.3.1　声明 Pydantic 模型

使用 ModelInfo 模型验证请求体中的数据，然后将这些数据以字典形式返回。这个端点可以用来添加或处理具有 id 和 name 属性的数据模型。例如，客户端可以发送一个 JSON 对象，包含 id 和 name 字段，服务器将验证这些数据，然后返回相同的数据，示例代码如下。

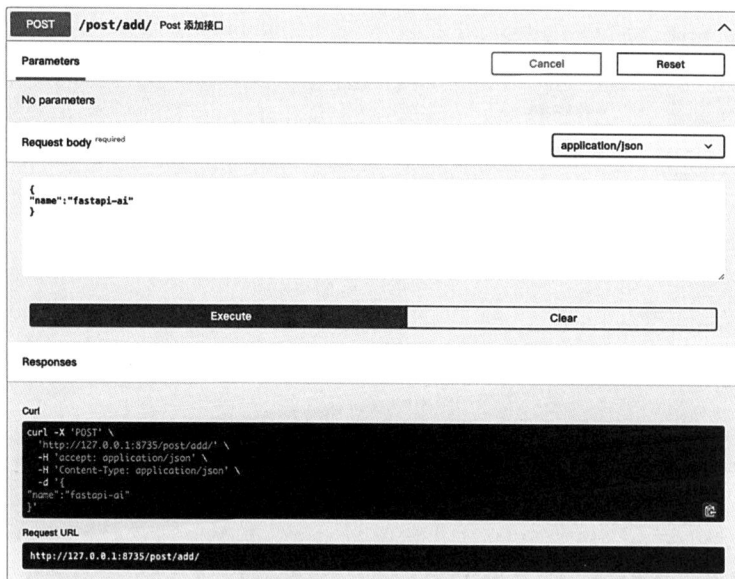

图 2.17　POST 添加接口

```
# 1. 定义模型
class ModelInfo(BaseModel):
    id : int
    name: str

# 2.声明类型
@app.post("/add/",summary="模型类型添加接口")
def add_post(model: ModelInfo):
    return model.dict()
```

声明 Pydantic 模型具有以下优势。

- **类型转换**：自动将输入数据转换为相应的类型。
- **数据校验**：验证数据是否符合预定义的模型。
- **代码提示**：提供属性以自动完成功能，增强开发体验。
- **模型复用**：允许重复使用已定义的模型，提高代码效率。
- **OpenAPI 集成**：模型自动成为 OpenAPI 规范的一部分，并被自动化文档 UI 使用。

模型类型添加接口如图 2.18 所示。

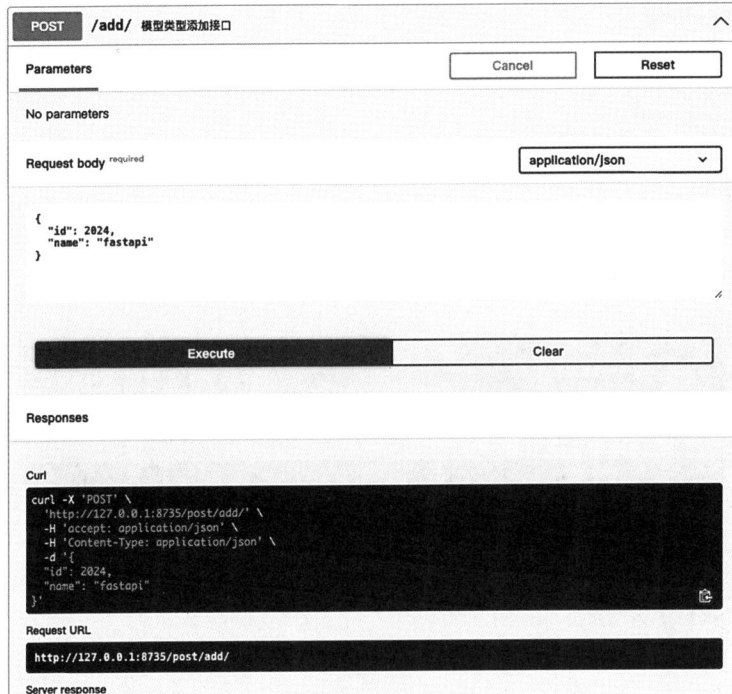

图 2.18　模型类型添加接口示例

示例代码如下。

```
from fastapi import FastAPI,Body
class AddInfo(BaseModel):
    add_id: int
    add_name: str


# 多类型参数+单字段
@app.post("/add/models", summary="多类型参数+单字段")
def add_info(
        add_info: AddInfo,
        model: ModelInfo = Body(..., embed=True),  # 插入
```

```
        connt: int = Body(...)
):
    return {
        "add_info": add_info,
        "model": model,
        "connt": connt
    }
```

多类型参数及单字段如图 2.19 所示。

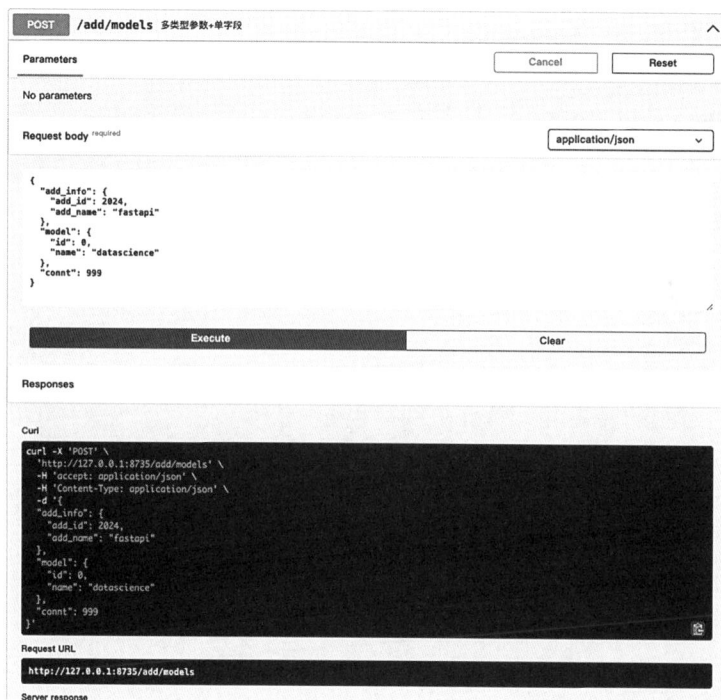

图 2.19　多类型参数及单字段示例

2.3.2　嵌套模型

在使用 FastAPI 构建 Web 应用程序时，经常会涉及复杂的数据结构，特别是当涉及嵌套模型时。以下是一个在 FastAPI 中定义和使用多层嵌套模型及通过 API 接收这种数据的简单示例。

首先，定义一个 Image 模型，它包含图像的 URL 和名称。接着定义一个 ItemImages 模型，这个模型代表一个物品的图像信息。它包含一个整型的 id、一个字符串的 name，一个可选的 Image 对象，以及一个 Image 对象的列表，这里，image 字段是可选的，表示可以有或没有单个图像，而 images 字段是一个列表，用于存储多个图像。这样的设计允许在一个物品上关联多个图像，且每个图像都遵循 Image 模型的结构，示例代码如下。

```python
from typing import Optional, List
class Image(BaseModel):
    url: str
    name: str
class ItemImages(BaseModel):
    id: int
    name: str
    image: Optional[Image] = None
    images: List[Image]  # 任意深度的嵌套模型，传的时候 images 就是个列表的 Image
模型
@app.post("/add/images", summary="嵌套模型")
def add_images(image: ItemImages):
    return image.dict()
```

请求参数如下。

```json
{
    "id": 0,
    "name": "item",
    "image": {
        "url": "https://bu.dusays.com/2020/09/10/3694a41d52ade.jpg",
        "name": "jack"
    },
    "images": [
        {
```

```
        "url": "https://bu.dusays.com/2020/09/10/3694a41d52ade.jpg",
        "name": "feng"
      }
    ]
}
```

嵌套模型请求如图 2.20 所示。

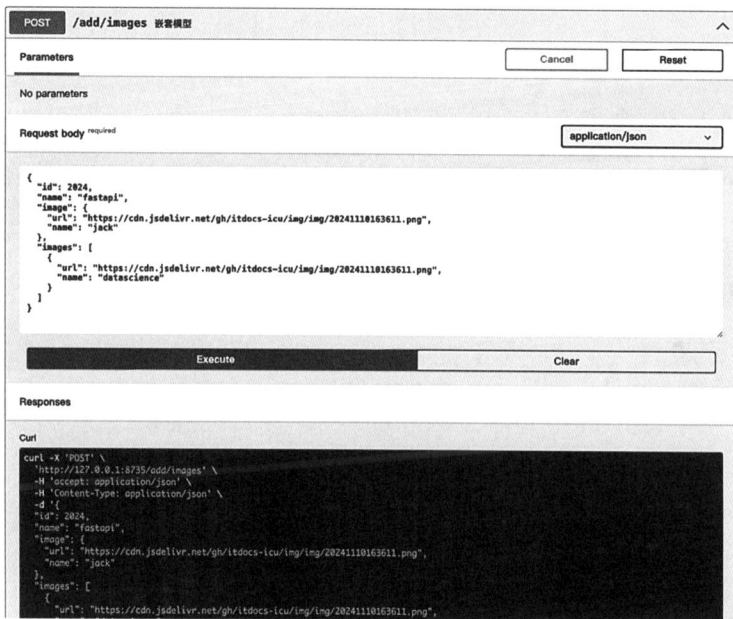

图 2.20　嵌套模型请求示例

2.3.3　数据校验

在开发中，数据校验非常关键。除了 Pydantic 提供的类型校验，我们还经常需要对字段的长度等进行额外校验。这些校验方法在 2.2 节中已经介绍过，同样的方法也适用于 Query、Path 和 Body 等参数。对于特殊校验如 URL 校验，可参考如下示例代码。

```python
from pydantic import BaseModel,Field
from  pydantic import HttpUrl
class webUrl(BaseModel):
    name: str = Field(default="fastapi", title="网站名称", description="网站信息")
    url: HttpUrl
@app.post('/post/url',summary="验证 Url")
def post_url(
        web: webUrl
):
    return web.dict()
```

该情况下只有输入正确的 URL，才会收到请求，否则会报异常，URL 校验异常如图 2.21 所示。

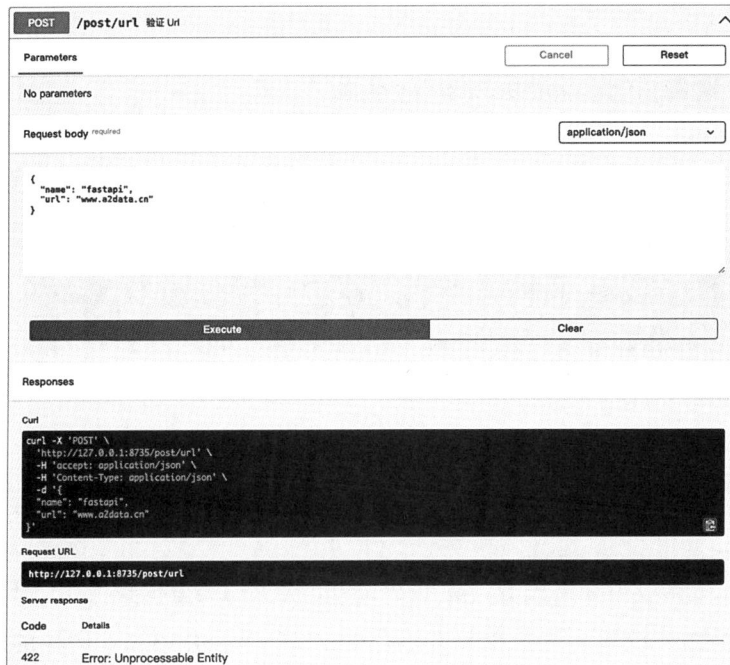

图 2.21　URL 校验异常示例

当输入正确的 URL 时，接口也会正确地收到请求，并且成功响应结果，如图 2.22 所示。

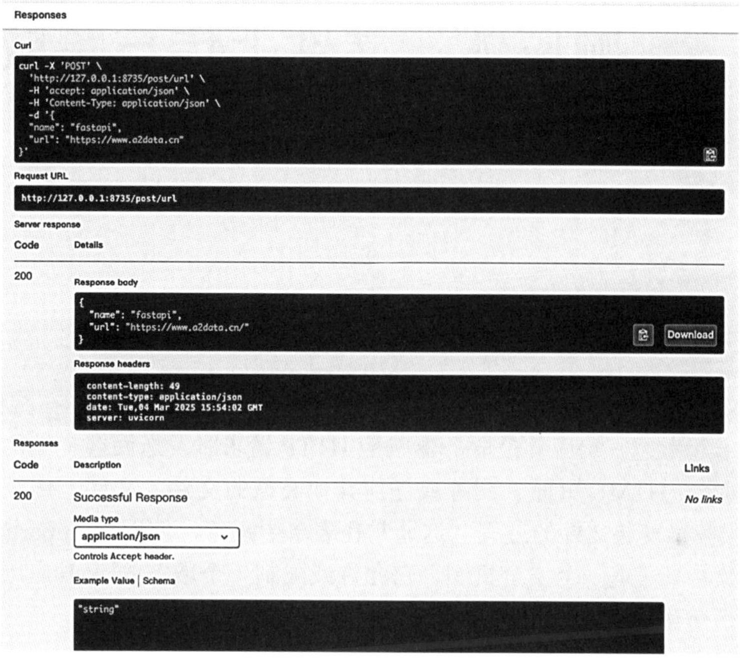

图 2.22　URL 正确响应

第3章
响应体、文件上传与跨域事件

响应体、文件上传和跨域事件是 Web 开发中的三个重要概念，它们在构建现代 Web 应用时经常需要一起考虑。响应体是服务器响应 HTTP 请求时发送回客户端的数据，可以是文本、JSON 对象、HTML 页面、图片或任何其他类型的文件。文件上传是指客户端通过 HTTP 请求向服务器发送文件的过程。这通常在表单中进行，使用 multipart/form-data 编码类型。跨域资源共享，是一个安全机制，它允许或限制一个域下的 Web 应用如何与另一个域下的资源进行交互。

3.1 响应体的类型

FastAPI 可以灵活地定义响应体的类型，这主要通过 Python 的类型注解来实现，以确保数据的正确性和提高代码的可读性。FastAPI 使用 Pydantic 库来进行数据验证，因此支持多种响应体类型，包括基本数据类型、Pydantic 模型、列表和字典等。

3.1.1 响应体

Starlette 包含一些响应类，用于处理在 send 通道上发回适当的 ASGI 消息。而我们接口返回的数据统称为响应体。响应流程如图 3.1 所示。

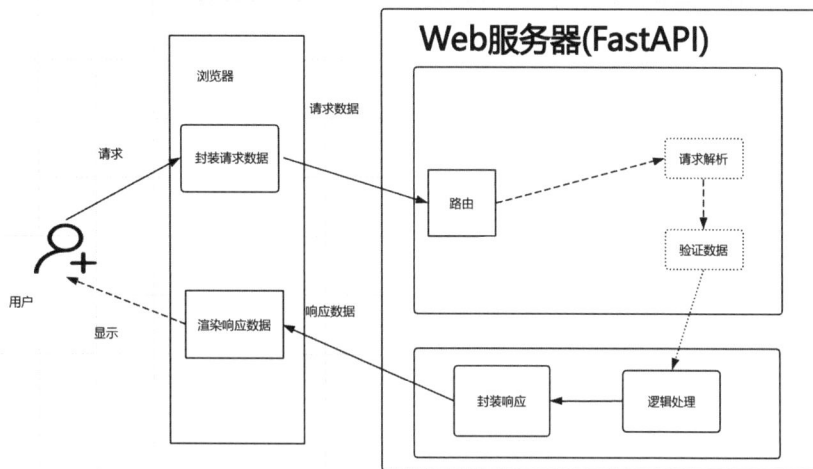

图 3.1　响应流程示例

返回数据可为字符串和字典，其中返回字符串的示例代码如下。

```
# 返回字符串
@app.get("/res_str",summary='响应-字符串')
def res_str():
    return {'hello fastapi'}
```

响应-字符串如图 3.2 所示。

返回字典的示例代码如下。

```
# 返回字典
@app.get('/res_dict', summary="返回字典")
def res_dict():
    return {"id": 2024, "name": "fastapi"}
```

响应返回字典如图 3.3 所示。

在多数情况下，响应都会返回 JSON 格式的数据，这样更方便处理，示例代码如下。

```python
# 返回 json
from fastapi.responses import JSONResponse
@ app.get('/res_json',summary="返回 JSon")
def get_json():
    msg = """
    {"id":2024,"name":"fastapi"}
    """

    return JSONResponse(msg)
```

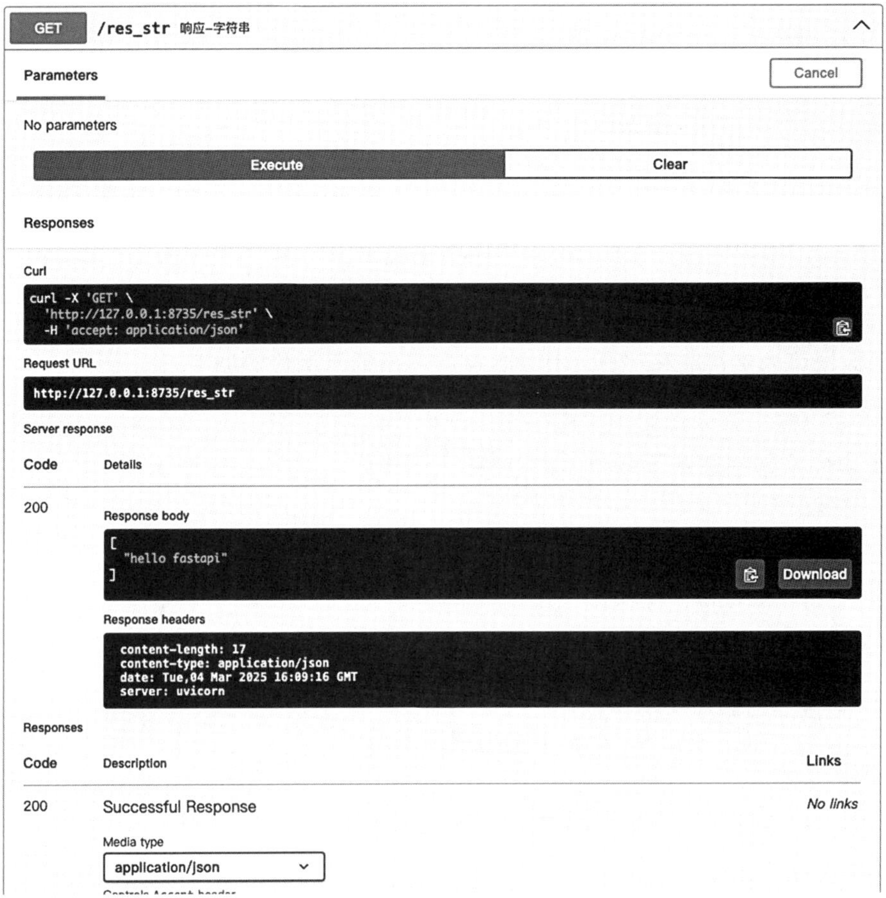

图 3.2 响应-字符串

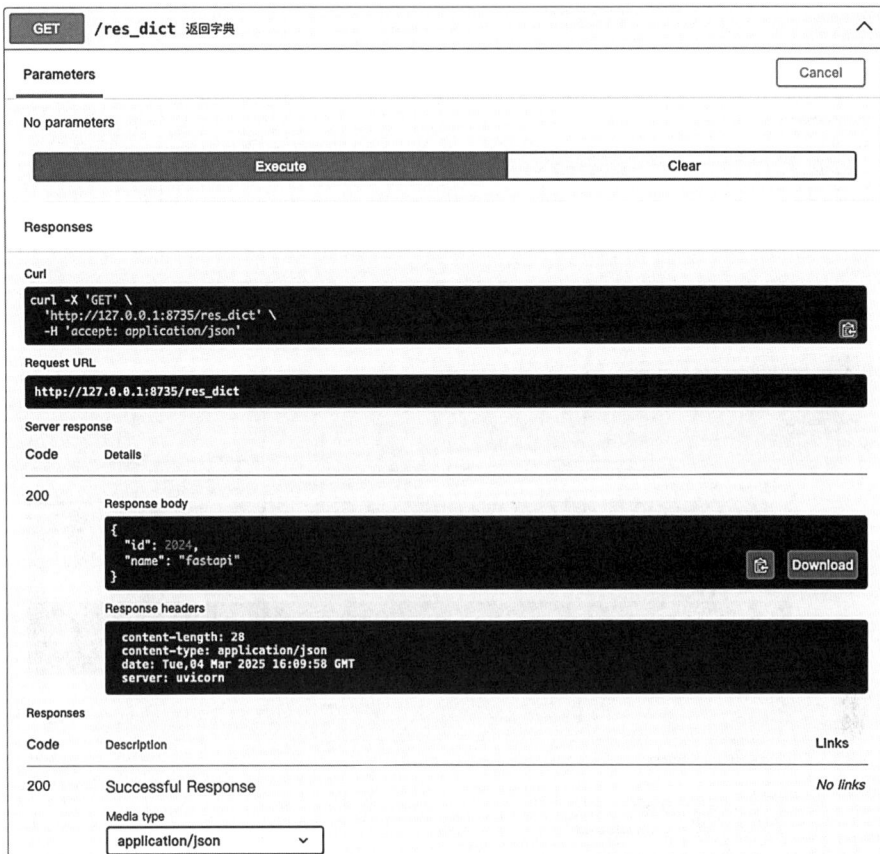

图 3.3　响应返回字典

响应返回 JSON 格式如图 3.4 所示。

设置 header 的第一种方式，header 的 value 只能是英文的，中文会出现编码错误，示例代码如下。

```
# 设置 header 的第一种方式,header 的 value 只能是英文的，中文会出现编码错误
@app.get("/set_header", summary="设置 header-01")
def set_header(res: Response):
    res.headers['name'] = 'jackfeng'
    return 'fastapi'
```

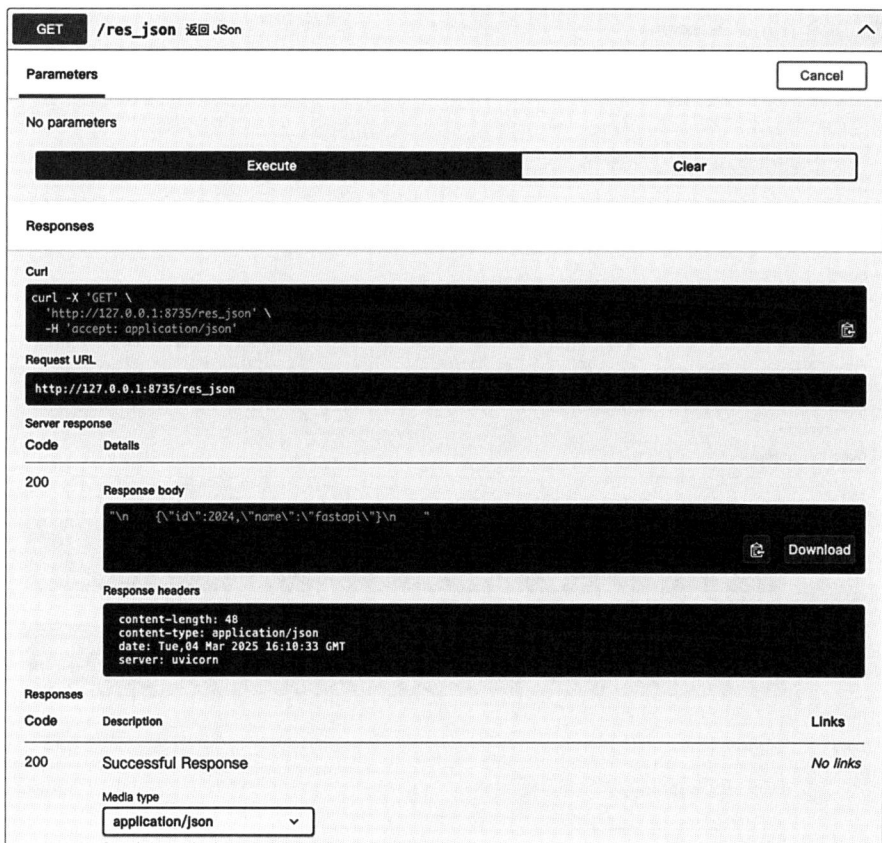

图 3.4　响应返回 JSON 格式

如图 3.5 所示，可以通过按 Ctrl+I 键或者 F12 键调出浏览器进行检查，选择控制栏中的"网络"，单击选择"全部"，然后单击"标头"按钮即可查看响应标头的配置。

以下代码为 header 的第二种设置方式，效果如图 3.6 所示。

```python
@app.get("/set_header2", summary="设置 header-2")
def set_header2():
    content = {'msg': 'hello'}
    headers = {"name": "jack", "addr": "bj"}
    return JSONResponse(content=content, headers=headers)
```

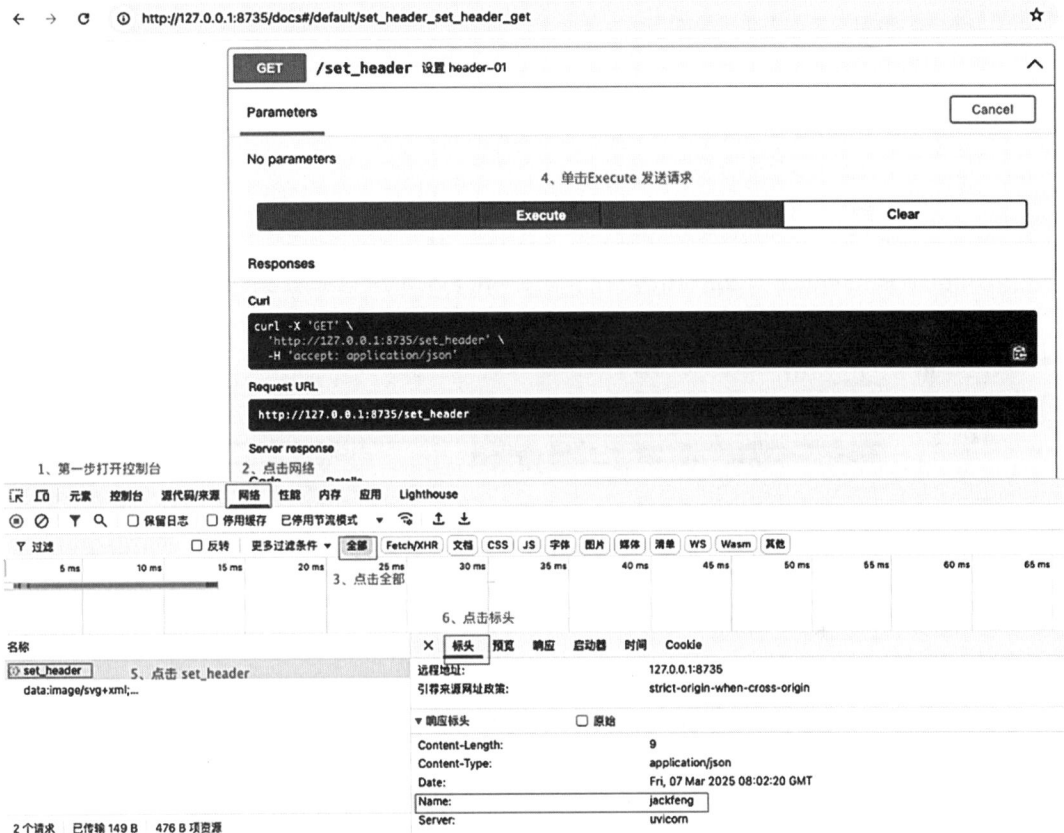

图 3.5　设置 header 方式一

在 FastAPI 中，默认情况下响应是以 JSON 格式返回的，因为它是 Web API 中最常见的数据交换格式。然而，在某些场景下，你可能需要以 XML 格式返回数据。为了实现这一点，你可以通过将响应内容类型（Content-Type）修改为 application/xml，并手动构造 XML 格式的字符串来返回 XML 数据。

```
# 自定义返回信息
@app.get('/res_xml',summary="自定义返回信息 xml")
def res_xml():
    content = """
```

```
    <?xml version="1.0">
    <user>
        <name>jack</name>
        <age>18</age>
        <addr>北京</addr>
    </user>
    """
return Response(content=content,media_type="application/xml")
```

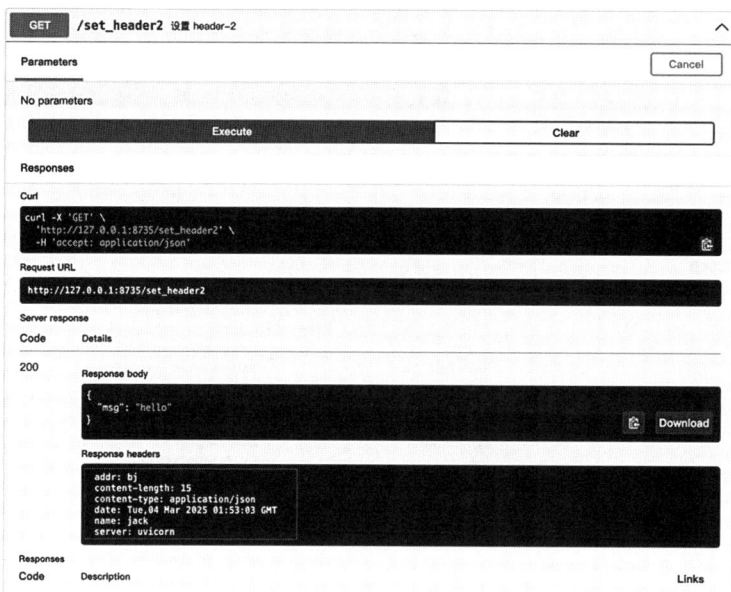

图 3.6　设置 header 方式二

有些场景需要对接系统接口，我们可以设置为 XML 格式，自定义返回网页内容，如图 3.7 所示。

导入 xml.etree.ElementTree 用于生成 XML 数据，示例代码如下。

```
import xml.etree.ElementTree as ET


@app.get("/res_xml/{item_id}", response_class=Response)
```

```python
async def read_item(item_id: int):
    # 构造一个简单的 XML 数据
    data = {"id": item_id, "name": "ItemName", "price": "100.00"}

    # 使用 xml.etree.ElementTree 构造 XML
    item = ET.Element('item')
    for key, value in data.items():
        child = ET.SubElement(item, key)
        child.text = str(value)
    xmlstr = ET.tostring(item, encoding='utf8', method='xml')

    # 返回 XML 格式的响应
    return Response(content=xmlstr, media_type="application/xml")
```

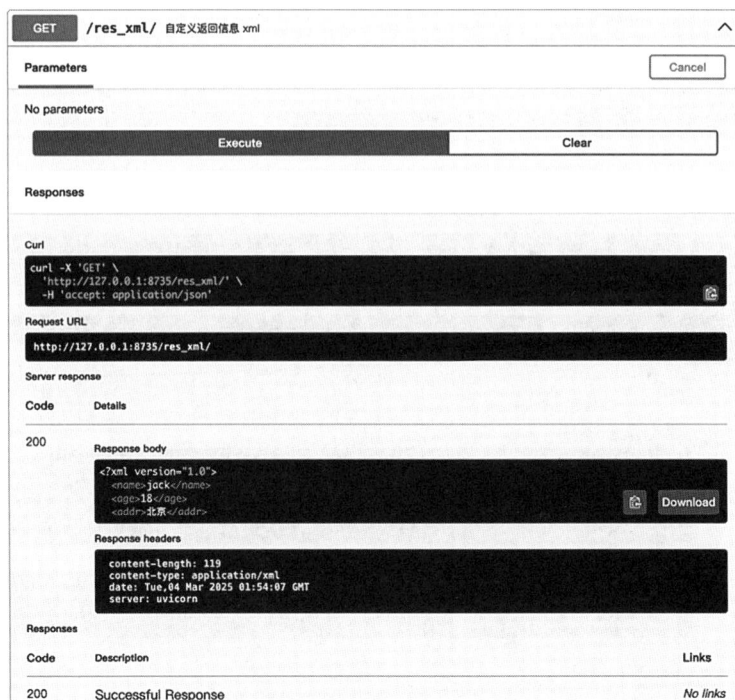

图 3.7　自定义 XML 返回

函数 read_item 接收一个 item_id 参数，然后使用这个 ID 和其他硬编码数据构造一个简单的 XML。这里使用了 xml.etree.ElementTree 库来创建和管理 XML 数据。

最后，使用 Response 类创建响应对象，将之前构造的 XML 字符串作为内容传入，并指定媒体类型（media_type）为 application/xml。这样客户端就会收到一个 XML 格式的响应。

这种方法虽然简单，但需要手动构造 XML 字符串，对于复杂的 XML 数据结构可能会显得烦琐。在实际应用中，可能需要依赖更专业的库来处理 XML 的生成和解析，以提高代码的可维护性和可读性。如图 3.8 所示。

图 3.8　XML 响应示例

3.1.2　返回模型

许多情况下可以通过定义模型来管理 API 的返回值。例如，用户登录后，我们可能不希望返回用户的所有信息，而只返回部分信息，如 ID、名称等，不包括密码，如图 3.9 所示。以下是使用 Pydantic 模型来实现这一点的代码。

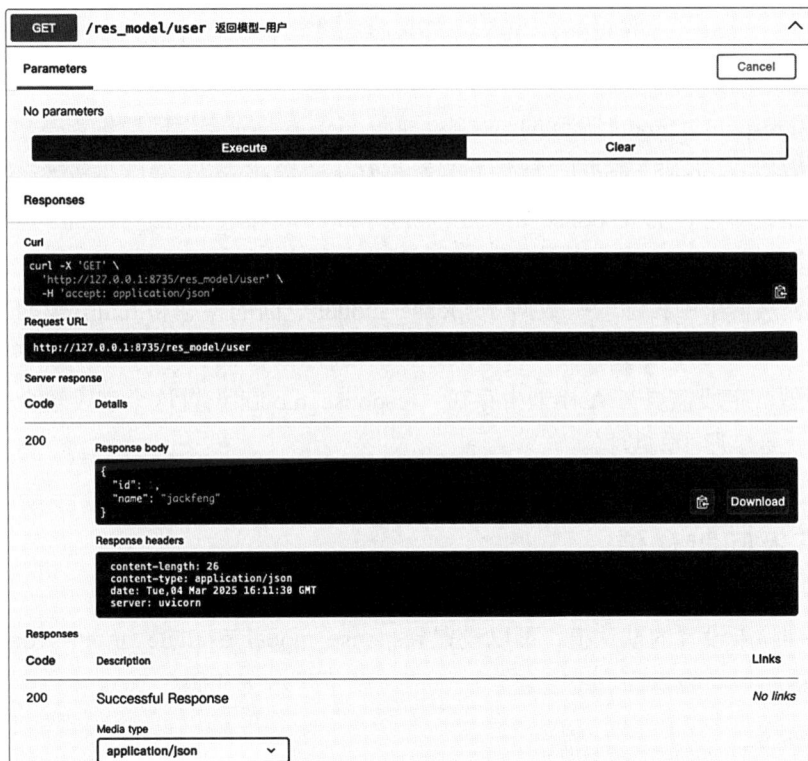

图 3.9　特例模型返回示例

```
from pydantic import BaseModel
# 返回模型
class UserInfos(BaseModel):
    id: int
    name: str
```

```
    password: str
class UserRes(BaseModel):
    id: int
    name: str
@app.get('/res_model/user', response_model=UserRes, summary="返回模型-用户")
def res_user_info():
    # 这里后续可以从数据库中查出来
    user = UserInfos(id=1, name="jackfeng", password='123456')
    return user
```

return 和 response_model 返回的结果不是同一个，return 会返回数据库查出的所有值，而使用响应模型 response_model，就如同为数据穿上"防护衣"，敏感字段（密码）等在模型设计阶段隔离即可。而 response_model_include 或 response_model_exclude 也可以实现这样的效果，例如排除掉 password 字段，但不建议使用。

如果需要从输出中移除一些数据，response_model 返回的模型和 return 返回的模型可以不是同一个，比如现有 A 模型上字段比较多，但是想返回其中的几个字段，可以再定义一个 B 返回模型，字段需要在 A 模型中存在，response_model 设置这个字段较少的 B 模型，这样返回的就是字段少的数据。

3.1.3　不返回默认值

如果要排除未设置的默认值，可以设置 response_model_exclude_unset=True。这样，只有实际赋值的字段会被返回，不会包含默认值。以下是示例代码。

```
# 过滤默认值
class indexID(BaseModel):
    id: int = 1
    name: str
@app.get(
    '/res_model/exclude_unset',response_model=indexID,
response_model_exclude_unset=True, summary='过滤掉默认值'
    )
```

```
def get_index_res():
    cont = indexID(name='jackfeng')
    return cont
```

此例只会返回 name 这个字段。过滤掉默认值，如图 3.10 所示。

3.1.4　返回多模型

当我们有多表关联或一起返回多个模型时，一般使用 typing 中的 Union 或者 List，示例代码如下。

图 3.10　过滤掉默认值示例

```python
from typing import Union, List
class model_1(BaseModel):
    id: int
name: str
class model_2(BaseModel):
    id: int
    email: str
class model_3(BaseModel):
    id: int
    name: str
    img: str
# Union 是 or 的意思
# 返回两个模型的值，通过 u_id 查到
@app.get(
    "/res_model/union/{u_id}", response_model=Union[model_1, model_2],
summary='响应多个模型通过 u_id 查询'
    )  # List[model_1 or model_2]
def res_model_union(u_id: str):
    # 假如数据从数据库查询出来
    u1 = model_1(id=2, name="测试")
    u2 = model_2(id=2, email="itdocs@163.com")
    items = {
        "u1": u1.dict(),
        "u2": u2.dict()
    }
    print(items)
    return items[u_id]
```

多模型返回如图 3.11 所示，可以优化为数据从数据库查询来得到想要的数值。

多模型返回示例代码如下。

```python
# List
@app.get("/res_model/list", response_model=List[model_1 or model_3],
summary='响应多个模型 List')
```

```
async def res_model_list():
    # 假如数据从数据库查询出来
    u1 = model_1(id=2, name="测试")
u3=model_3(id=2024,name='itdocs',img="https://bu.dusays.com/2020/09/10/3
694a41d52ade.jpg")

    items = [
        u1.dict(), u3.dict()
    ]
    print(items)
    return items
```

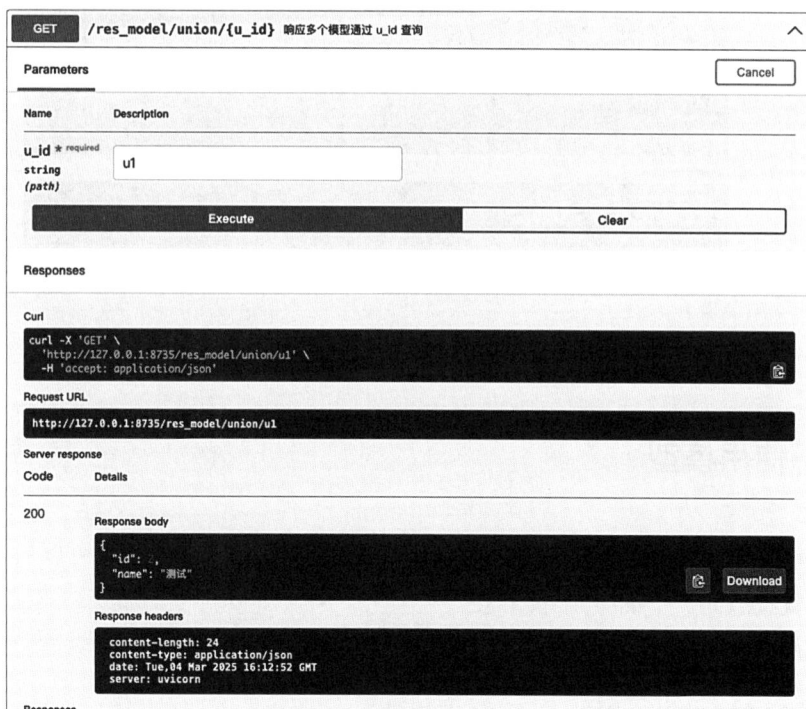

图 3.11　多模型返回示例

多个列表可用 List 返回，此时响应值模型列表返回如图 3.12 所示。

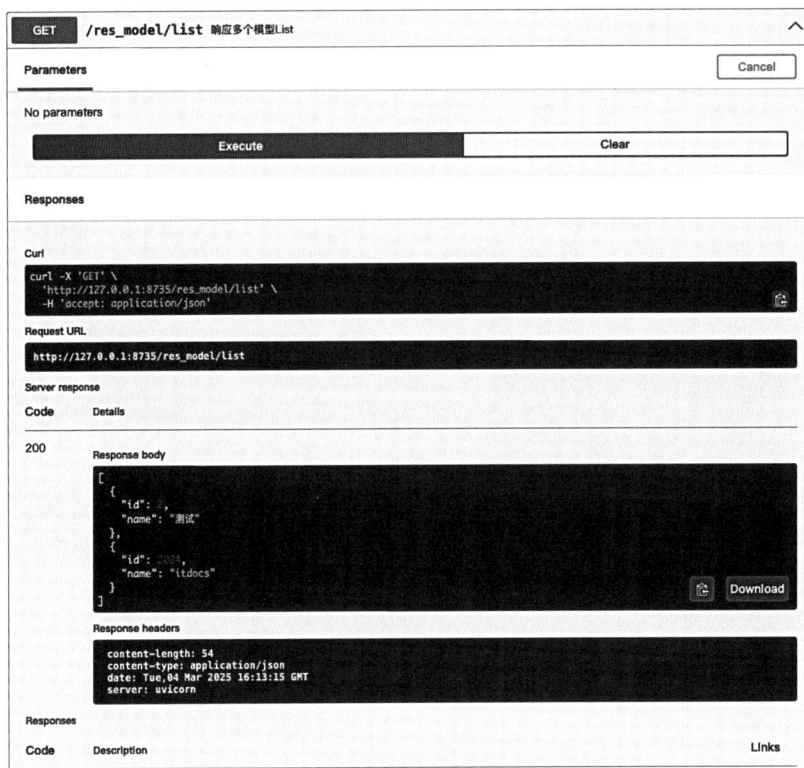

图 3.12　模型列表返回

3.1.5　不使用模型

不使用模型时，可以返回字典或 JSON，并对字段类型进行限制。也可以自定义返回模式，或者设置状态码。下面分别介绍这三种类型。

返回字典或 JSON，包含限制字段类型，示例如下。

```
from typing import Dict
from fastapi import status
```

```
@app.get('/res_dict_type', response_model=Dict[str, float], summary='字典
内限制字段类型')
def get_info():
    return {"name": 'fastapi', "income": 6.6}
```

这个路由返回一个字典，其中字段类型被限制为字符串键和浮点数值。

返回 JSON 的示例如下。

```
@app.get('/res_dict_type/json', response_model=Dict[str, float], summary='
字典内限制字段类型')
def get_dict_type():
    item = {"name": 'fastapi', "income": 6.4}
    content = item  # 转为 JSON 返回，或者直接返回字典也可以
    return JSONResponse(status_code=status.HTTP_201_CREATED, content=content)
    # 也可以设置响应头
    #return JSONResponse(status_code=status.HTTP_201_CREATED, content=content,
headers="xxx")
```

这个路由返回一个 JSON 响应，其中字段类型同样被限制为字符串键和浮点数值。使用 JSONResponse 可以更直接地控制响应的内容和状态码。如果需要，还可以通过 headers 参数设置响应头，JSON 和字典如图 3.13 所示。

在 FastAPI 中，如果需要自定义响应，可以直接返回 Response 对象。注意，这样返回的数据不会自动转换，也不会自动生成文档，自定义返回的示例代码如下。

```
@app.get('/res/leg', summary='自定义返回')
def get_res_leg(response: Response):
    item = {'name': 'fastapi', 'id': '999'}
    headers = {"X-Cat": "Jack", "Content-Language": "en-US"}

    data = """<?xml version="1.0"?>
        <shampoo>
        <Header>
            FastAPI-AI
        </Header>
```

```
    <Body>
        欢迎学习 Fastapi
        {item}
    </Body>
    </shampoo>
    """.format(item=item)
response.set_cookie(key="message", value='fastapi', path='/res/leg/')
return Response(content=data, media_type="application/xml")
```

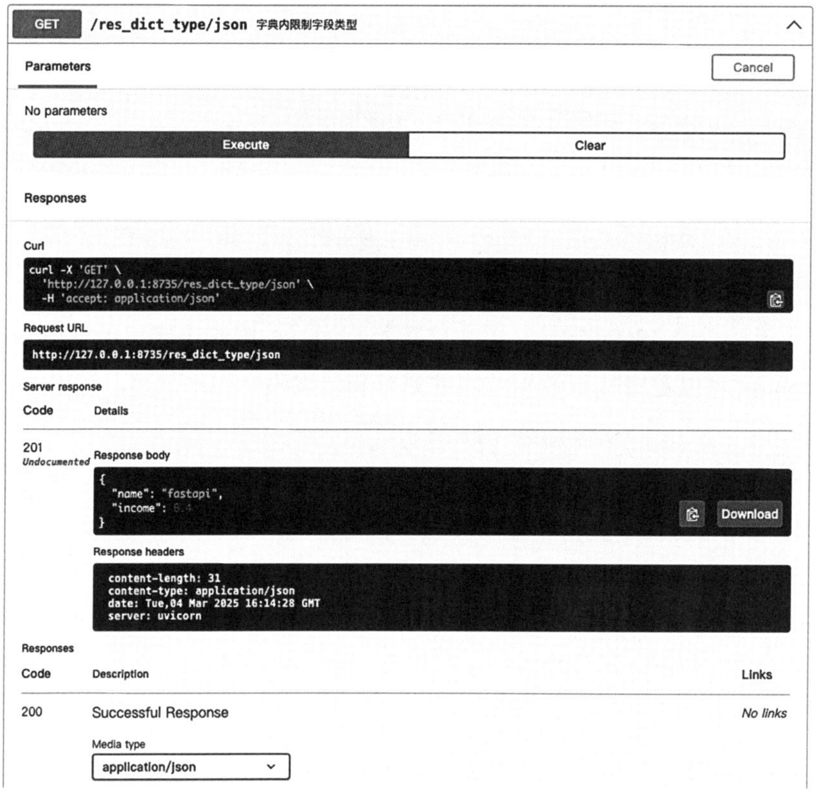

图 3.13　JSON 和字典示例

这段代码创建了一个 XML 格式的响应，并设置了响应头和 cookie。由于 FastAPI 对 XML 的支持不是特别友好，主要是通过配置 media_type="application/xml"来实现。同时，通过 Depends(XmlBody(Item))可以支持 XML 和 JSON 的解析。要访问这个接口，可以访问 http://127.0.0.1:8735/res/leg，如图 3.14 所示。

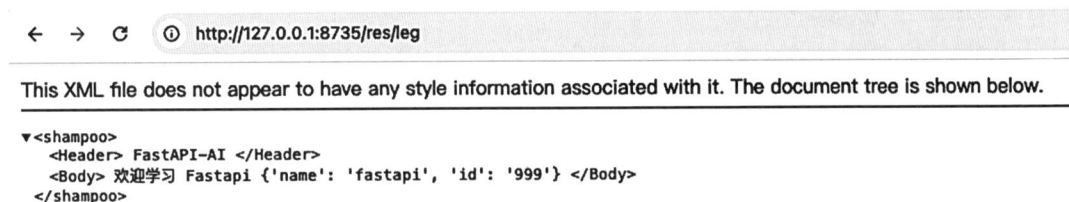

```
←  →  C  ①  http://127.0.0.1:8735/res/leg

This XML file does not appear to have any style information associated with it. The document tree is shown below.

▼<shampoo>
    <Header> FastAPI-AI </Header>
    <Body> 欢迎学习 Fastapi {'name': 'fastapi', 'id': '999'} </Body>
  </shampoo>
```

图 3.14　XML 和 JSON 同时解析

在 FastAPI 中，status_code 不是路径参数，而是一个函数参数，用来指定接口响应的 HTTP 状态码。

```python
# 1）自定义状态码
@app.get('/status_code',status_code=200,summary='自定义状态码')
def get_status():
return {'code':200}


# 2）使用常量
from fastapi improt status
@app.get('/status_code_num', status_code=status.HTTP_200_OK, summary='使
用 status 常量')
def get_status_num():
    return {'code': 200}


# 3）模型和 dict 转换
# 模型转 dict
class UserIn(BaseModel):
    username: str
    passwd: str
    email: str
data = {
    'username': 'jackfeng',
    'passwd': 'fastapi',
```

```
        'email': 'itdocs@163.com'
}
@app.get('/models/to_dict', summary='模型转 dict')
def model_to_dict():
    # 解包 dict
    user_in = UserIn(**data)
    # 模型转 dict
    user_in.dict()
    return user_in
```

3.1.6　JSON 兼容性

在 FastAPI 中，当你创建并填充了一个 Pydantic 模型后，可能需要将这个模型转换为 JSON 格式，以便发送给前端或保存到数据库。jsonable_encoder 函数正是用于这种转换，示例代码如下。

```
from fastapi.encoders import jsonable_encoder
@app.post('/models/to_json',summary='模型转 json')
def model_to_json(user:UserIn):
    # UserIn 是个 pydantic 模型
    json_item_data = jsonable_encoder(user)
    #效果和 json.dumps()类似
    return JSONResponse(content=json_item_data)
请求体内容为：
{
  "username": "Jack",
  "passwd": "datascience",
  "email": "itdocs@163.com"
}
```

假设将 item Pydantic Model 类型直接传给 JSONResponse，会发生类型错误，项目类型的对象不是 JSON 可序列化的，因为它无法转换为 JSON 数据，所以报错了，相信大家也会遇到这类问题，只需要解决传参类型问题即可，JSON 序列化模型类型错误如下。

```
raise TypeError(f'Object of type {o.__class__.__name__} '
TypeError: Object of type Item is not JSON serializable
```

3.2 文件上传

文件上传是指客户端通过 HTTP 请求向服务器发送文件的过程。这通常在表单中进行，使用 multipart/form-data 编码类型。常用于上传用户生成的内容，如图片、视频、文档等。文件上传和 post 里面的 form-data 安装的包一样，需要安装特定的包才能支持，首先安装所需依赖，使用如下命令。

```
pip install python-multipart
```

导入包的命令如下。

```
from fastapi import FastAPI, File, UploadFile
```

可使用如下代码上传单文件。

```
# 导入包
import uvicorn
from fastapi import FastAPI, File
app = FastAPI()
BASE_DIR = './upload_file'
# 接收文件，并以 bytes 类型保存在内存中，适合小文件
@app.post('/files', summary='文件接收，存在内存中')
def create_file(file: bytes = File(...)):
    with open(BASE_DIR + '/test.jpg', "wb") as f:
        f.write(file)
    return {"file_size": len(file)}
```

单文件上传如图 3.15 所示，此时接收到的文件存在于内存当中。

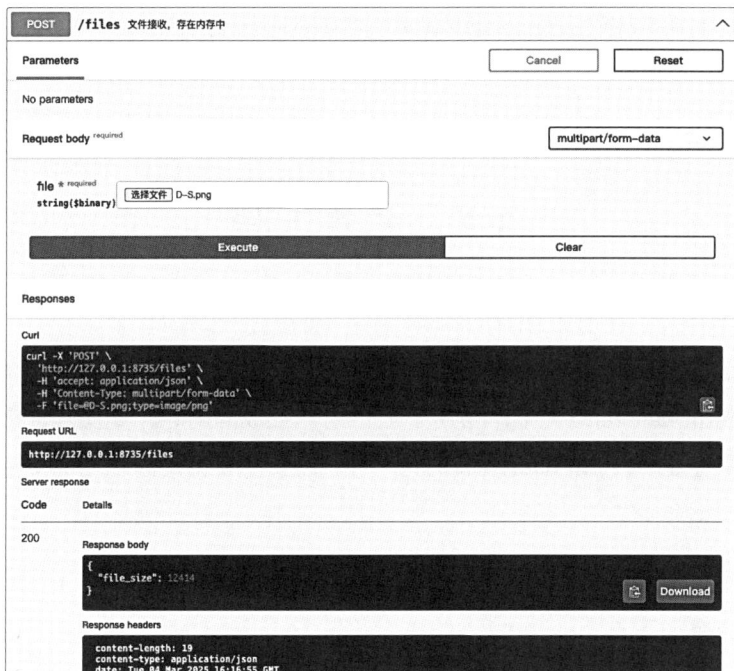

图 3.15 单文件上传示例

这里重点使用 UploadFile，这是 FastAPI 中用于处理文件上传的类。它不仅包含上传文件的内容，还提供了文件的元数据（如文件名和媒体类型）及一些有用的方法来处理文件。使用 UploadFile 可以帮助你以高效和内存友好的方式处理上传的文件。

单文件上传的基本属性如下。

- filename: 字符串，上传文件的原始文件名。
- content_type: 字符串，上传文件的媒体类型（如果提供）。
- file: 一个星号表达式的文件对象，可以用来读取或保存文件内容。

单文件上传的关键方法如下。

- read(size: int): 异步读取文件内容，size 参数指定要读取的字节数。
- write(data: bytes): 异步写入数据到文件。
- seek(offset: int): 移动文件读取/写入指针到指定的 offset 位置。
- close(): 异步关闭文件。

多文件上传与单文件上传的主要区别在于需要使用列表（List）处理多个文件，并逐个上传，示例代码如下。

```python
from typing import List
@app.post("/upload_files", summary='多文件上传')
async def upload_files(files: List[UploadFile] = File(...)):
    for file in files:
        rep = await file.read()  # 读取文件的size（int）个字节/字符。
        with open(BASE_DIR + '/file_lists/' + file.filename, 'wb') as f:
            f.write(rep)
    return {"msg": "上传成功"}
```

多文件上传如图 3.16 所示。

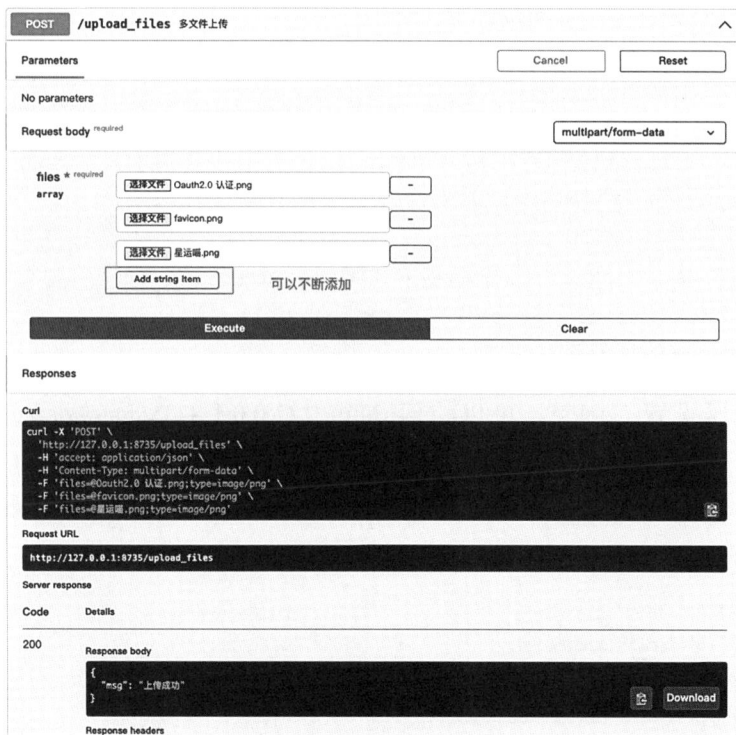

图 3.16　多文件上传示例

3.3　Cookie 和跨域事件

Cookie 和跨域（cross-origin resource sharing，CORS）是 Web 开发中两个重要的概念，它们涉及如何在不同的域之间安全地管理数据和资源共享。理解这两个概念及它们之间的关系对于构建现代 Web 应用程序非常重要。

Cookie 是存储在用户浏览器中的小块数据，由 Web 服务器创建并通过 HTTP 响应发送给浏览器，浏览器会存储这些数据并在之后的请求中回传给服务器。Cookie 通常用于管理会话、存储用户偏好设置、实现跟踪等。

设置 Cookie 的示例代码如下。

```python
import uvicorn
from fastapi import FastAPI, Cookie
app = FastAPI()
# 使用
@app.get('/get_cookie', summary='读取 cookie')
def read_cookie(user_id: str = Cookie(None)):
    return user_id
```

要在浏览器设置 Cookie，可以访问 http://127.0.0.1:8735/docs#/default/read_cookie_get_cookie_get，然后打开浏览器的开发者工具（通常可以通过按 F12 键或 Ctrl+Alt+I 键来打开）。在控制台（Console）中，你可以输入以下 JavaScript 代码来设置 Cookie 如下内容。

```javascript
var cookie = 'cookie名称=cookie值';
var cookie = 'user_id=2024';
document.cookie = cookie;
# // 服务器环境打印 cookie
console.log('wbCookie-------------', document.cookie)
```

然后 Enter 键执行，或者使用 apifox 工具。Cookie 信息展示如图 3.17 所示。

图 3.17　Cookie 信息展示

定义一个 Web 路由，当用户通过 HTTP GET 方法访问/cookie 路径时，服务器将调用 cookie 函数，并返回一个包含 cookie_id 参数值的 JSON 响应。如果请求中没有提供 cookie_id 参数，响应将包含 None，示例代码如下。

```
from typing import Optional
# 需使用 apifox 工具
@app.get("/cookie", summary="获取 Cookie")
def cookie(cookie_id: Optional[str] = Cookie(None)):  # 定义 Cookie 参数需要
使用 Cookie 类，否则就是查询参数
    return {"cookie_id": cookie_id}
```

访问 http://127.0.0.1:8735/cookie，需要注意 cooie_id 的参数名和接口的参数名要保持一致。

3.4　跨域

跨域资源共享（cross-origin resource sharing，CORS）简称跨域，是一种机制，它允许限制在一个源（origin）加载的网页如何请求来自不同源的资源。出于安全考虑，默认情况下，Web 浏览器限制脚本内发起的跨源 HTTP 请求。例如，由 http://example.com 加载的 JavaScript 不能请求 http://another-domain.com 的资源，除非后者通过发送适当的 CORS 头

部表明同意接受这些请求。

导致跨域有三种情况，即协议不一致、域不一致、端口不一致。只要其中有一个不同就是跨域，比如前端和后端不在同一个服务器或者端口不一样或者协议不一样都会导致跨域。一般出现在前后端分离时，前后端不分离就不会出现跨域，因为服务器端口都一样，在同一个进程里面。

在前后端分离的项目中，前端和后端如果部署在同一个服务上，那么运行端口肯定不一样，当前端发起请求到后端时，发送的首先是 option 请求，而不是真正的请求，后端拿到 option 请求后先判断有没有资格（权限），如果没有就会报错 CORS（跨域），如果有资格，则会继续请求你真正发起的请求，这个时候接口才会收到请求数据。

后端给前端授权，让前端可以请求，需要指定要授权的服务，或者端口，或者接口前缀等。比如前端是 127.0.0.1:8080，那在后端就要授权这个服务，或者使用["*"]允许所有的服务。

当你需要在跨域请求中发送 Cookie 时，CORS 的处理变得特别重要。默认情况下，跨域请求不会发送 Cookie 和 HTTP 认证信息。为了在跨域请求中包含 Cookie，需要满足以下条件：要确保前端请求携带 Cookie，在使用 fetch API 时需设置 credentials: 'include'。示例代码如下。

```
fetch('http://another-domain.com/api/data', {
    credentials: 'include' // 对于跨域请求，这告诉浏览器包含 Cookie
});
```

服务器需要在响应头中包含 Access-Control-Allow-Credentials: true，表明它接受带有凭证的请求。此外，服务器还必须通过 Access-Control-Allow-Origin 指定允许的源，而且这个头部不能设置为 *（表示允许任何来源），必须是请求方的确切来源。

```
Access-Control-Allow-Credentials: true
Access-Control-Allow-Origin: http://example.com
```

这种设置确保了跨域请求能够安全地包含敏感信息（如用户认证信息）。但同时，它也增加了开发的复杂度，因为开发者需要确保服务器的 CORS 策略与前端请求中的凭据设置相匹配，才能成功地处理跨域请求。

在处理跨域请求和 Cookie 时，安全是一个重要的考虑因素。不当的 CORS 配置可能导致敏感数据泄露。因此，当配置 CORS 策略时，应该明确指定允许的源，避免使用过于宽松的设置，如将 Access-Control-Allow-Origin 设置为 *。同样，只有当确实需要时才在跨域请求中包含 Cookie，并确保应用程序的认证机制足够强大，能够防止 CSRF（跨站请求伪造）等安全威胁。在 FastAPI 中，使用 CORSMiddleware 解决跨域请求问题，操作步骤如下。

```python
# 导入包
from fastapi.middleware.cors import CORSMiddleware
# 使用
app = FastAPI()
app.add_middleware(
    CORSMiddleware,
    allow_origins=["*"],              # 允许所有的服务跨域访问
    allow_credentials=True,
    allow_methods=["*"],              # 允许所有的方法，也可以指定 post、get 等
    allow_headers=["*"],
)
# 或者指定特定的服务可以跨域访问：
origins = [
    "https://itdocs.com",
    "http://localhost:8080",
]
app.add_middleware(
    CORSMiddleware,
    allow_origins=origins,
    allow_credentials=True,
    allow_methods=["*"],
    allow_headers=["*"],
)
```

3.5 事件

在 FastAPI 中，可以定义在应用启动前或关闭时执行的事件处理程序。

FastAPI 的 startup 事件是在应用启动时触发的操作。通过在 FastAPI 应用对象上使用.on_event("startup")装饰器，你可以定义启动时执行的函数。这适用于设置数据库连接、初始化数据、启动后台任务等需要在应用启动时完成的任务，示例代码如下。

```
from fastapi import FastAPI
app = FastAPI()
items = {}
@app.on_event("startup")
async def startup_event():
    items["jack"] = {"name": "feng"}
    items["data"] = {"name": "science"}
@app.get("/items/{item_id}")
async def read_items(item_id: str):
    return items[item_id]
```

在上面的代码中，当 FastAPI 应用启动并准备接收请求时，startup_event 函数将被调用。这里你可以执行任何初始化操作，比如设置数据库连接池，加载配置文件，启动定时任务等，启动事件调用接口如图 3.18 所示。

在 FastAPI 中，shutdown 事件和 startup 事件类似，定义了在应用关闭时应该执行的操作。使用.on_event("shutdown") 装饰器，你可以指定应用退出时需要运行的函数。这对于释放资源，比如关闭数据库连接、清理临时文件或者发送某种"应用已关闭"的信号等操作非常有用，示例代码如下。

```
from fastapi import FastAPI
```

```
app = FastAPI()
@app.on_event("shutdown")
def shutdown_event():
    with open("log.txt", mode="a") as log:
        log.write("Application shutdown")
@app.get("/items/")
async def read_items():
    return [{"name": "Fastapi"}]
```

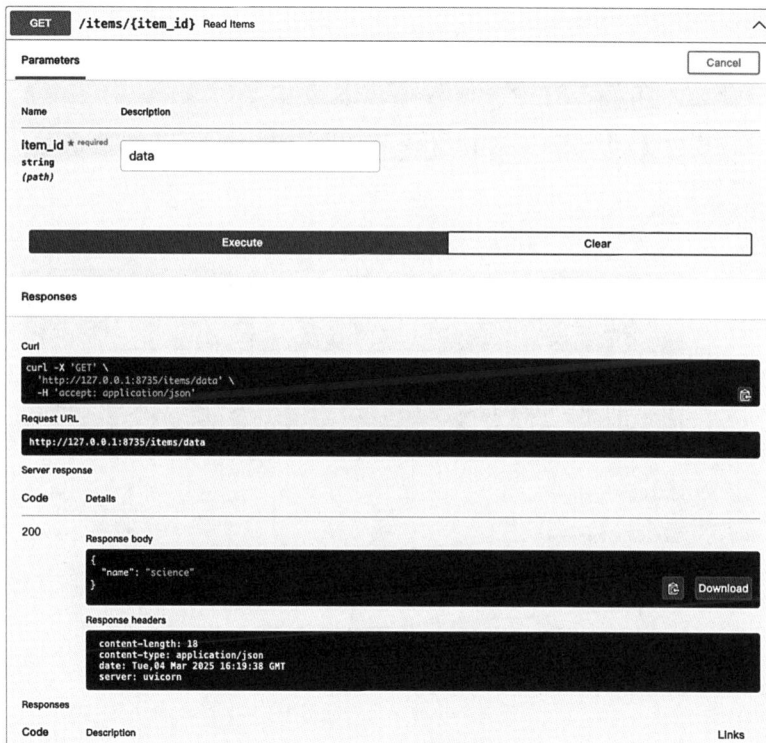

图 3.18　启动事件调用接口示例

shutdown 自动调用函数如图 3.19 所示。

在本例中，当 FastAPI 应用被终止时，shutdown_event 函数会被执行。这里可以执行清理和资源释放相关的操作。这确保了即使在关闭应用的时候，也能很好地维护应用状态和系统资源。

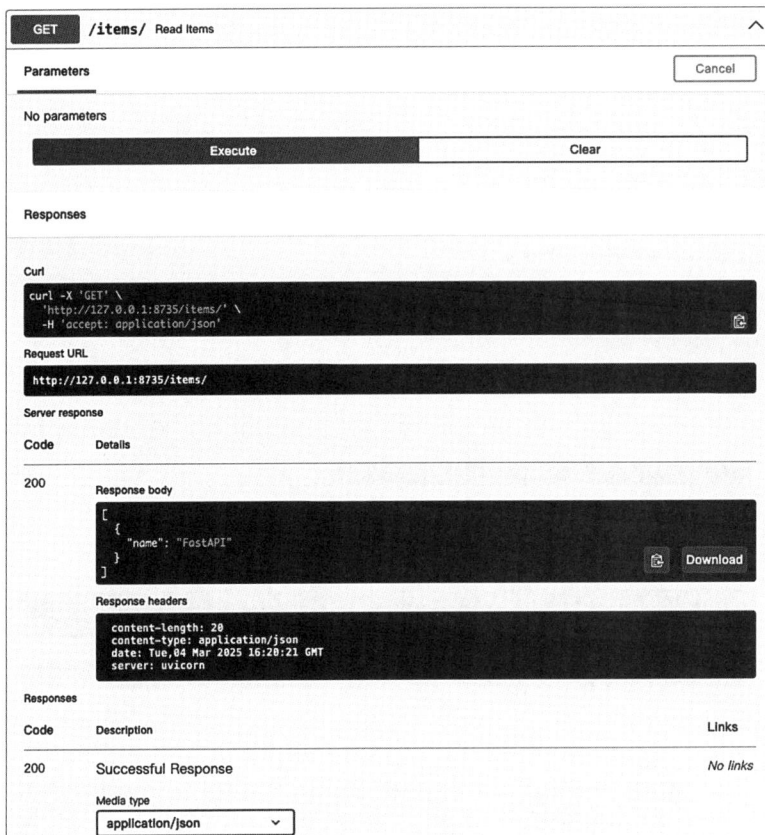

图 3.19　shutdown 自动调用函数示例

第4章
依赖注入

在 FastAPI 中，依赖注入是一个强大的功能，它允许你为应用的不同部分（如路径操作、路由等）提供共享的、可复用的依赖项。这意味着你能够定义可以重复使用的功能，而无须每次都重新编写相同的代码。而身份认证 OAuth 和 JWT（JSON Web Token）是两个现代 Web 应用安全领域中非常重要的概念，它们通常被用来实现安全的用户认证和授权。本章将对以上概念进行介绍。

依赖项可以是复杂的类或包含多个子依赖的函数，不仅限于简单函数。FastAPI 支持创建带参数的依赖项，允许为不同场景（如不同权限的用户）定制依赖项的不同版本。依赖项的优点如下。

- **代码重用**：一次创建，多次使用。
- **解耦**：依赖项与使用它们的路径操作逻辑分离。
- **易于测试**：可以独立测试依赖项，或在测试时将其替换为简化版本。
- **维护性**：更改依赖项行为时，只需修改一处代码。

通过依赖项注入，FastAPI 用户可以构建易于扩展、维护和测试的 Web 应用程序。依赖项注入也是 FastAPI 促进模块化和干净架构的关键特性之一。

FastAPI 的依赖注入系统通过 Depends 提供了一种强大而灵活的方式，使得开发者可以轻松地将各类服务、数据库连接、配置管理等模块注入请求处理的过程中。

FastAPI 可以与各种关系型数据库（如 PostgreSQL、MySQL、SQLite 等）无缝集成。通过依赖注入系统，开发者可以将数据库会话（Session）注入请求处理函数中。例如，使用 SQLAlchemy 时，开发者可以通过创建一个依赖函数来管理数据库会话的生命周期，并在需要时注入路径操作函数中，示例代码如下。

```
from fastapi import Depends
from sqlalchemy.orm import Session
from .database import get_db
def get_user(db: Session = Depends(get_db)):
    return db.query(User).all()
```

除了关系型数据库，FastAPI 也能够与各种 NoSQL 数据库（如 MongoDB、Cassandra、Redis 等）兼容。通过 Depends，可以将 NoSQL 数据库的连接或客户端实例注入请求处理函数中。例如，与 MongoDB 集成时，可以将 MongoDB 的客户端实例作为依赖注入，示例代码如下。

```
from fastapi import Depends
from pymongo import MongoClient
def get_mongo_client() -> MongoClient:
    client = MongoClient("mongodb://localhost:27017")
    return client
def get_collection(client: MongoClient = Depends(get_mongo_client)):
    db = client.my_database
    return db.my_collection
```

FastAPI 的依赖注入系统也能方便地与第三方库或外部 API 集成。无论是第三方的邮件发送服务、支付网关，还是其他外部 API，开发者都可以通过依赖注入的方式将这些服务注入路径操作函数中，从而实现良好的模块化设计和代码复用，示例代码如下。

```
from fastapi import Depends
```

```
from some_email_service import EmailClient
def get_email_client() -> EmailClient:
    return EmailClient(api_key="your_api_key")
def send_welcome_email(client: EmailClient = Depends(get_email_client),
email: str):
    client.send_email(email,  subject="Welcome!",  body="Thank  you  for
signing up!")
```

FastAPI 的依赖注入系统在认证和鉴权中扮演着重要角色。开发者可以通过依赖注入将认证、授权逻辑注入路径操作函数中，从而简化安全相关代码的管理。比如，可以将用户认证过程作为依赖注入，以确保只有经过认证的用户才能访问特定的资源，示例代码如下。

```
from fastapi import Depends, HTTPException, status
from .auth import get_current_user
def get_user_profile(user: User = Depends(get_current_user)):
    if not user.is_active:
        raise HTTPException(status_code=status.HTTP_400_BAD_REQUEST, detail=
"Inactive user")
    return user.profile
```

FastAPI 还允许将自定义的响应数据结构作为依赖注入的一部分，这样开发者可以根据请求上下文动态地修改或生成响应数据。通过这种方式，可以轻松地管理复杂的响应逻辑，保持代码的可维护性和可读性，示例代码如下。

```
from fastapi import Depends, Response
def custom_response(data: dict, response: Response):
    response.headers["X-Custom-Header"] = "Custom value"
    return data
@app.get("/items/", response_model=ItemResponse)
def read_items(response: Response, data=Depends(custom_response)):
    return data
```

4.1 依赖注入案例

在 FastAPI 中，定义依赖项通常是通过编写一个返回所需数据的函数来完成的。例如，可以创建依赖项来提供数据库会话、认证信息或其他常用配置。以下是一个用来展示依赖注入的使用分页查询的简单示例。

```python
import uvicorn
# 导入 Depends
from fastapi import FastAPI, Depends
from typing import Optional
app = FastAPI()
# 依赖函数
async def depends_parames(  # 普通函数，加了async关键词
        q: Optional[str] = None,  # 函数参数都是可选的
        skip: int = 0,
        limit: int = 100
):
    return {"q": q, "skip": skip, "limit": limit}  # 依赖项可返回任意内容，这
# 里返回的是一个 dict，只不过是将传进来的值塞进 dict 后，再进行返回
# depends 操作路径，参数声明为 Depends
@app.get('/depends/get', summary="依赖注入")
async def get_read_depends(dp_params: dict = Depends(depends_parames)):
    # dp_params 参数声明了 Depends()，和 Body()、Query() 的使用方式一样
    # 注意：填写依赖项的时候不需要加()，只写函数名就行，如 Depends(depends_parames)，
# 且填写的依赖项必须是一个函数
    return dp_params
if __name__ == '__main__':
    uvicorn.run('07_Depends:app', host='127.0.0.1', port=8735, reload=True)
```

依赖注入如图4.1所示。

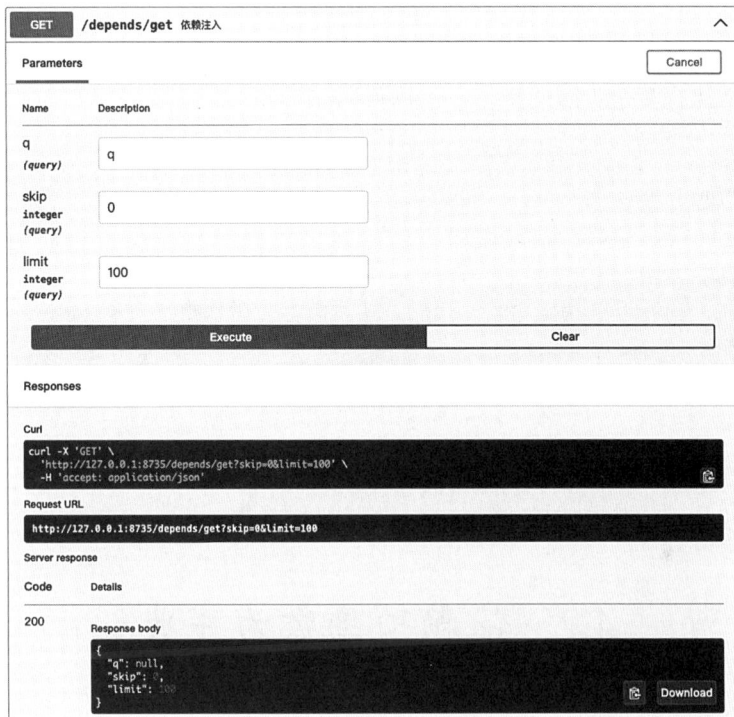

图 4.1　依赖注入示例

从 Docs 文档中可以看到，/depends/get 要传三个查询参数，其实就是依赖项函数的参数，FastAPI 会将所有依赖项信息添加到 OpenAPI Schema 中，以便在 Swagger API 中显示。FastAPI 的依赖注入系统通过 Depends 提供了高度的灵活性和可扩展性，使得它能够兼容各种数据库、第三方包、外部 API、认证和鉴权系统等。通过依赖注入，开发者可以创建模块化、可复用且易于测试的代码结构，这也是 FastAPI 在现代 Web 框架中脱颖而出的关键原因之一。

当请求/depends/get 这个路径时，FastAPI 的流程如下。

（1）首先通过正确的参数，调用 depends_parames 依赖函数。

（2）从依赖函数中获取 retrun 的值。

（3）将返回值赋值给 dp_params。

（4）优先执行完依赖函数后，才会执行路径操作函数。

FastAPI 会对依赖项做数据验证，不符合类型则报错。

在 FastAPI 中，类也可以作为依赖项使用，这通常用于更复杂的业务逻辑，其中依赖项需要维护状态或执行多个步骤的操作，示例代码如下。

```
## 类依赖
class GetDepData:
    def __init__(self, name):
        self.name = name
@app.get('/depends/get_dep_data', summary='类依赖')
def get_class_dep(
        dp_data: GetDepData = Depends()  # 此处有三种写法
):
    return dp_data.name
```

4.2 依赖项函数为字典

下面将通过一个使用依赖项函数的示例，说明 FastAPI 如何处理异步和非异步函数。

```
# 依赖项函数为字典
from typing import Dict, Any
# 非 async 依赖项
def info_dep(name: str):
    return name
# async 依赖项
async def as_info_dep(*,
                name: Optional[str] = None,
                info_dict: Dict[str, Any]
                ):
```

```
    return {'name': name, "info": info_dict}
# 在 async 路径操作函数上使用非 async 函数
@app.get('/depends/async_info', summary='async 操作函数，依赖非 async 函数')
async def get_def_info(name: str = Depends(info_dep)):
    return {'普通函数': name}
# 在非 async 路径操作函数上使用 async 依赖函数
@app.post('/depends/def_info', summary='普通路径操作函数，依赖 async 函数')
def asy_get_info(
        info: Dict = Depends(as_info_dep)
):
  return info
```

注意，GET 请求不能使用@requestBody，因为 GET 请求通常不包含请求体。POST 请求可以使用@requestBody，但参数转换的配置必须统一。

如图 4.2 所示，报错信息为：TypeError: Failed to execute 'fetch' on 'Window': Request with GET/HEAD method cannot have body。

Undocumented
TypeError: Failed to execute 'fetch' on 'Window': Request with GET/HEAD method cannot have body.

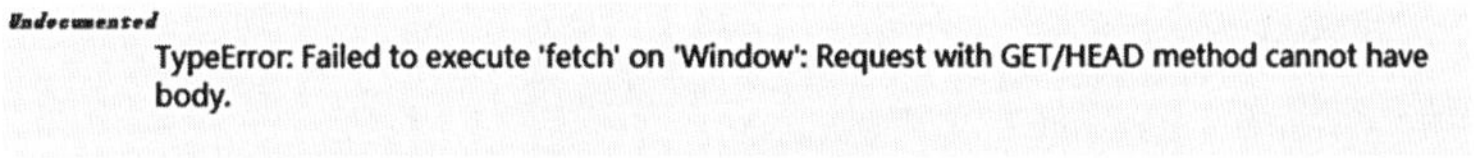

图 4.2　显示报错

报错信息的含义是"未能在'窗口'上执行'fetch'：使用 GET/HEAD 方法的请求不能具有主体"。原因是接口是 get，但是又标注以 requestbody（请求体）来接收参数。在 get 请求体中不能使用@requestBody 来做请求。

4.3　sub 子依赖

在 FastAPI 中，sub-dependencies（子依赖）是一种依赖注入的模式，即一个依赖本身又依赖于其他依赖。这种模式非常强大，允许开发者以层次化的方式管理依赖关系，从而提高代码的可复用性和可维护性。

当一个依赖函数依赖于其他依赖函数时，FastAPI 会自动解析这些依赖关系，并在执行主依赖函数之前先解决其所有的子依赖。FastAPI 会确保子依赖的执行顺序，首先解决最底层的依赖，然后逐层向上解决。

sub 子依赖的使用场景如下。

- **数据库连接管理**：一个依赖函数可以管理数据库连接，而另一个依赖函数可以使用该连接来执行特定的查询。
- **认证和鉴权**：一个依赖函数可以处理认证逻辑，而另一个依赖函数可以基于已认证的用户信息执行权限检查。
- **配置管理**：一个依赖函数可以加载配置或环境变量，而其他依赖函数可以根据这些配置执行具体的操作。

子依赖项示例代码如下。

```
def get_name():
    # name 可以查询
    name = 'fastapi'
    return name
# 返回这个 name 的相关信息
name_info = {
    'fastapi': {
        'age': 18,
        'title': 'fast'
    }
}
def get_name_info(name: str = Depends(get_name)):
    data = name_info.get(name)
    return data
@app.get('/depends/get_sub', summary='sub 子依赖')
def get_sub_name(name_info: dict = Depends(get_name_info, use_cache=False)):
    return name_info
```

sub 子依赖如图 4.3 所示。

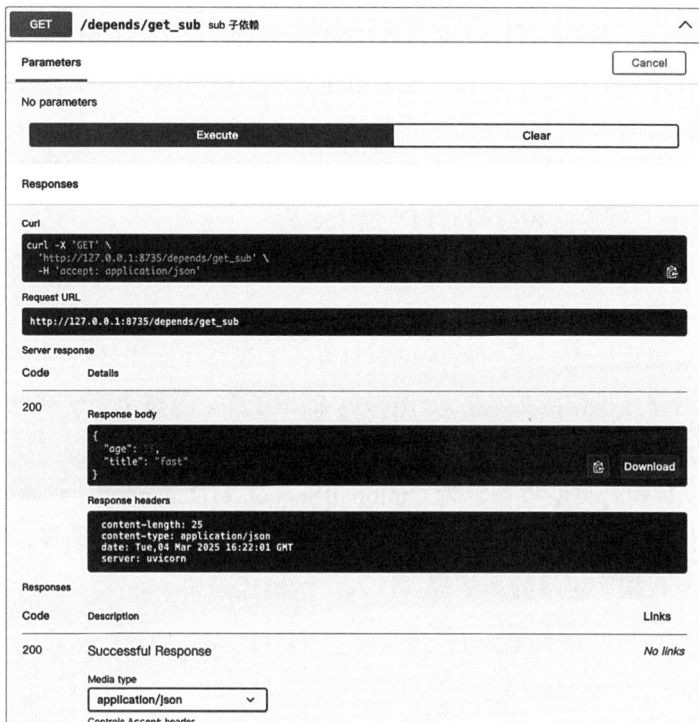

图 4.3 sub 子依赖示例

use_cache 默认设置为 True，意味着 FastAPI 会启用缓存机制。当一个依赖项被多次调用时，FastAPI 确保每个请求中该依赖项只被执行一次，其返回值会被缓存，并提供给所有需要它的地方，避免了重复执行。如果不需要缓存，可以将 use_cache 设置为 False。

4.4 多依赖对象注入-列表

在 FastAPI 中，依赖注入系统非常灵活，允许我们定义多个依赖项，并将它们注入路径操作函数中。这种多依赖对象注入的能力可以通过列表来实现，使得我们可以轻松地对多个请求头、查询参数、数据库会话等进行验证和管理。

通过 dependencies 参数，我们可以为路径操作函数定义多个依赖项。FastAPI 会自动调用这些依赖项，即使它们没有返回值或返回值不传递给路径操作函数。

FastAPI 会按照依赖项在 dependencies 列表中的顺序依次执行。在这个示例中，verify_token 会先于 verify_key 执行。如果任何一个依赖项抛出异常，路径操作函数将不会被调用，FastAPI 会立即返回相应的 HTTP 错误响应。

通过 Depends 创建的依赖项可以在多个路径操作函数中复用。这样可以减少代码的冗余，保持代码的一致性。

尽管依赖项可以返回值，但如果这些返回值没有在路径操作函数的参数中显式声明，它们就不会传递给路径操作函数。在 verify_key 的例子中，虽然 x_key 被返回，但它不会被传递给 get_read_deps 函数。

dependencies 参数的类型被指定为 Optional[Sequence[Depends]]，这意味着它可以接收各种序列类型，包括 List、Set、Tuple 等，允许开发者根据需求灵活选择。完整的应用场景包含认证、鉴权及数据库连接的多依赖项注入，示例代码如下。

```python
from fastapi import FastAPI, Header, HTTPException, Depends
from sqlalchemy.orm import Session
app = FastAPI()
# 数据库连接依赖项
def get_db():
    db = SessionLocal()
    try:
        yield db
    finally:
        db.close()
# 验证 x_token
async def verify_token(x_token: str = Header(...)):
    if x_token != 'secret-token':
        raise HTTPException(status_code=400, detail='X-Token header invalid')
# 验证 x_key
async def verify_key(x_key: str = Header(...)):
    if x_key != 'secret-key':
```

```
        raise HTTPException(status_code=400, detail='X-Key header invalid')
    return x_key
# 路径操作函数
@app.get('/depends/get_verify_db',
        dependencies=[Depends(verify_token),         Depends(verify_key),
Depends(get_db)],
        summary='多依赖与数据库连接')
async def get_read_deps():
    return [{"token": "secret-token"}, {"key": "secret-key"}]
```

在这个扩展的示例中，除了验证请求头中的 x_token 和 x_key，还添加了数据库连接 get_db 作为依赖项。FastAPI 将会确保在执行路径操作函数前，所有的依赖项都已经被处理，并且如果任何一个依赖项失败，将直接返回相应的错误响应。验证请求头示例接口如图 4.4 所示。

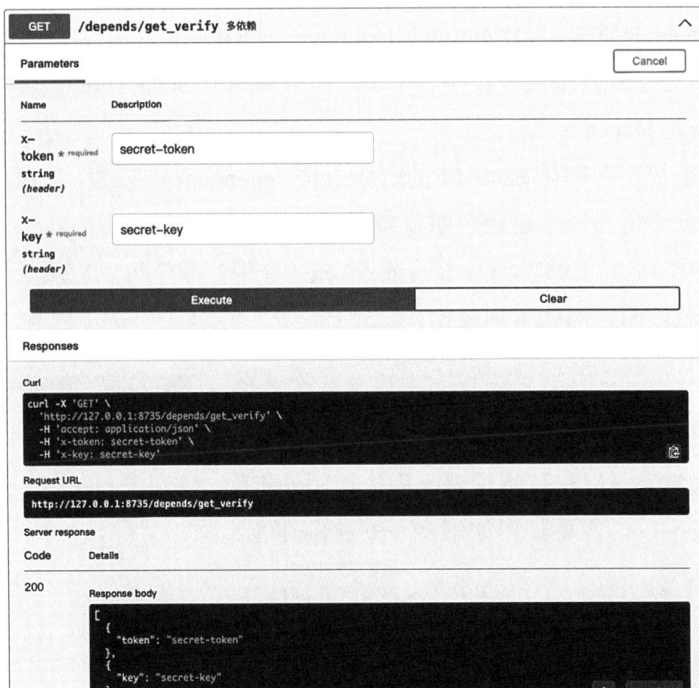

图 4.4　验证请求头示例接口

4.5　全局依赖&yield

在 FastAPI 中，你可以使用依赖项来创建全局依赖，这意味着某个依赖项将被应用于多个路由，而不需要在每个路由中单独声明。全局依赖可以在 FastAPI 类的构造函数中使用 dependencies 参数来设置。

此外，yield 关键字在依赖项函数中使用时，创建了一个生成器。这允许你在发送响应前和后运行代码，常用于设置和清理数据库会话。

对于以下实际应用场景，可以向整个应用程序添加一个全局依赖项。

- dependences 类型指定为 Optional[Sequence[Depends]]。
- Sequence 是序列，不仅可以接收 List，还可以接收 Set、Tuple 等。
- 子类型就是 Depends。

全局依赖只需要在实例化 FastAPI 的时候上传 dependences 参数，就可以声明全局依赖项，这样的话，就不用在每个路径声明依赖项了。

在 FastAPI 中，全局依赖项如身份验证 token（令牌）操作可以应用于所有路由，无须在每个路由中单独声明。例如下列操作。

```
app = FastAPI(dependencies=[Depends(verify_token), Depends(verify_key)])
```

这样，所有请求都会先执行这些全局依赖项，然后再执行对应的路径操作函数。

使用 yield 关键字可以在依赖项返回后执行额外步骤，这在 Python 3.7 及以上版本中被支持。对于 Python 3.6，需要使用如下命令安装额外的库。

```
pip install async-exit-stack async-generator
# 或者
pdm add async-exit-stack async-generator
```

注意：在数据库连接操作时确保依赖项中只使用一次 yield。

模拟数据库连接流程：首先，你需要连接数据库，创建数据库连接对象；其次，在数据库连接对象实例化之后，完成对数据库的增删改查，最后关闭数据库连接对象。

那么，数据库连接通常是一次性动作，即前置操作，并不会在不同的地方用到数据库，都要重新创建来完成连接，特殊情况例外。所以创建数据库连接可以通过全局依赖来完成，而不使用数据库连接对象时，就关闭，不然会导致数据库连接池的连接数达到上限，无法创建连接对象。

```python
# yield 数据库连接
class DBSession:
    pass
# 具体在数据库操作章节演示
async def get_db():
    # 创建数据库连接对象
    db = DBSession()
    try:
        # 返回数据库连接对象，注入路径操作装饰器 / 路径操作函数 / 其他依赖项
        yield db
    # 响应传递后执行 yield 后面的代码
    finally:
        # 确保后面的代码一定会执行
        print('2024')
    # 用完之后再关闭
    db.close()
```

yield 在数据库场景中的作用如下。

- 确保在返回数据库连接对象后，还能执行关闭数据库连接的操作，避免连接池爆满。
- 在 yield 之后，还会执行 yield 后面的代码块，确保数据库连接对象被关闭。
- 使用 try 可以捕获依赖项中抛出的任何异常，包括数据库事务回滚或其他错误。
- finally 确保无论是否有异常，都会执行关闭数据库连接的操作。

通过这种方式，FastAPI 可以有效地管理数据库连接和其他资源，确保应用程序的健壮性和性能。

4.6　上下文管理器

在 Python 中，上下文管理器是指任何可以在 with 语句中使用的 Python 对象，例如用于文件读取的上下文管理器。在 FastAPI 中，当使用 yield 创建依赖项时，FastAPI 会将其内部转换为上下文管理器，并与其他工具结合使用，上下文管理器示例代码如下。

```python
# 上下文管理器
class SuperContDb:
    def __init__(self):
        self.db = DBSession()
    def __enter__(self):
        return self.db
    def __exit__(self, exc_type, exc_value, traceback):
        self.db.close()
async def get_super_db():
    with SuperContDb() as db:
        yield db
```

HTTPException 的示例代码如下。

```python
# 异常依赖项
async def dep_yield_err(name: str):
    try:
        # 返回 name
        yield name
    finally:
        raise HTTPException(status_code=400, detail="姓名错误")
        # finally 抛出异常信息
@app.get('/depends/get_yield_err', summary='yield 异常依赖项正确返回')
```

```
def get_yield(name: str = Depends(dep_yield_err)):
    return name
```

finally 虽然抛出了异常,但客户端接收到的响应仍然是 200,yield 之后抛出异常并不会被异常捕捉程序处理,所以还是返回正常的响应内容,只有在 yield 之前抛出异常,异常捕捉程序才能处理成功,并返回报错响应给客户端。

在 FastAPI 中,依赖项可以用来做一些准备工作,并且在请求处理结束后执行一些清理工作。当你在依赖项中使用 yield 时,可以在 yield 之前执行一些代码,然后在 yield 后面的 finally 块中进行清理。

然而,在以上例子中,依赖项 dep_yield_err 在 finally 块中抛出了一个异常。这意味着无论依赖项的其余部分(在 yield 之前的部分)执行得如何,当控制权返回给该依赖项时,这个异常都会被抛出。在 FastAPI 中,这会导致 HTTP 400 错误响应发送给客户端,即使主处理函数 get_yield 已经成功执行并返回了一个值。

这里有一个问题:finally 块总是会执行,无论前面的代码是否抛出异常。所以,在 dep_yield_err 依赖项中,即使 name 是有效的,finally 块仍然会抛出一个 HTTPException,这不是一个好的实践。

```
async def dep_yield_err(name: str):
    if name != get_name():  # 假设 "fastapi" 是唯一有效的名字
        raise HTTPException(status_code=400, detail="姓名错误")
    yield name
```

这样,如果 name 不是"fastapi",那么 HTTPException 将被抛出,并且 yield 下面的代码(包括 finally 块)不会被执行。如果 finally 块抛出异常,它将覆盖或中断任何之前通过正常途径发送的响应。通常,你会希望使用 finally 来执行不抛出异常的清理代码。如果你需要在请求处理完成后执行一些检查,并且可能根据这些检查的结果抛出异常,你应该在路径操作函数中执行这些检查,而不是在依赖项的 finally 块中。

第 5 章
身份认证和 JWT

在 FastAPI 中，OAuth（开放授权）是用于实现认证和授权的一种常用机制。OAuth 允许第三方应用在不直接暴露用户凭据的情况下，访问用户存储在其他服务上的资源。FastAPI 提供了对 OAuth2 的内置支持，特别是常用的 Password Flow 和 Authorization Code Flow 方式。

5.1　OAuth 概述

OAuth 是一个开放标准，允许用户让第三方应用访问该用户在某一网站上存储的私密的资源（如照片、视频、联系人列表），而无须将用户名和密码提供给第三方应用。

OAuth 允许用户提供一个令牌，而不是用户名和密码，来访问他们存放在特定服务提供者上的数据。每一个令牌授权一个特定的网站（例如，视频编辑网站）在特定的时段（例如，接下来的 2 小时内）内访问特定的资源（例如仅仅是某一相册中的视频）。这样，OAuth

允许用户授权第三方网站访问他们存储在另外的服务提供者上的信息，而不需要分享他们的访问许可或他们数据的所有内容。

OAuth 的核心概念如下。

- resource owner：资源所有者，指终端的用户（user）。
- resource server：资源服务器，即服务提供商存放受保护资源的服务器。访问这些资源，需要获得访问令牌（access token）。它与认证服务器可以是同一台服务器，也可以是不同的服务器。我们访问新浪博客网站时，如果使用新浪博客的账号来登录新浪博客网站，那么新浪博客的资源和新浪博客的认证都是同一家，可以认为是同一个服务器。如果我们使用新浪博客账号去登录知乎，那么显然知乎的资源和新浪的认证不是一个服务器。
- client：客户端，代表向受保护资源进行资源请求的第三方应用程序。
- authorization server：授权服务器，在验证资源所有者并获得授权成功后，将发放访问令牌给客户端。

在 FastAPI 中，实现 OAuth2 认证通常涉及以下几个步骤。

（1）设置 OAuth2：选择 OAuth2 流（如授权码、密码凭据、客户端凭据或隐式流）。

（2）创建依赖项：定义一个用于返回当前用户的依赖项。

（3）应用依赖项：在路径操作中应用这个依赖项，确保只有认证的用户才能访问。

（4）生成令牌：设置端点生成令牌，这通常包括用户登录逻辑，并返回访问令牌。

（5）验证令牌：创建一个函数用于解码和验证令牌。

OAuth2 认证流程如图 5.1 所示。

OAuth 前置准备的安装包命令如下。

```
pip install python-multipart
#或
pdm add python-multipart
```

注意，OAuth2 使用表单数据来发送 username 和 password。

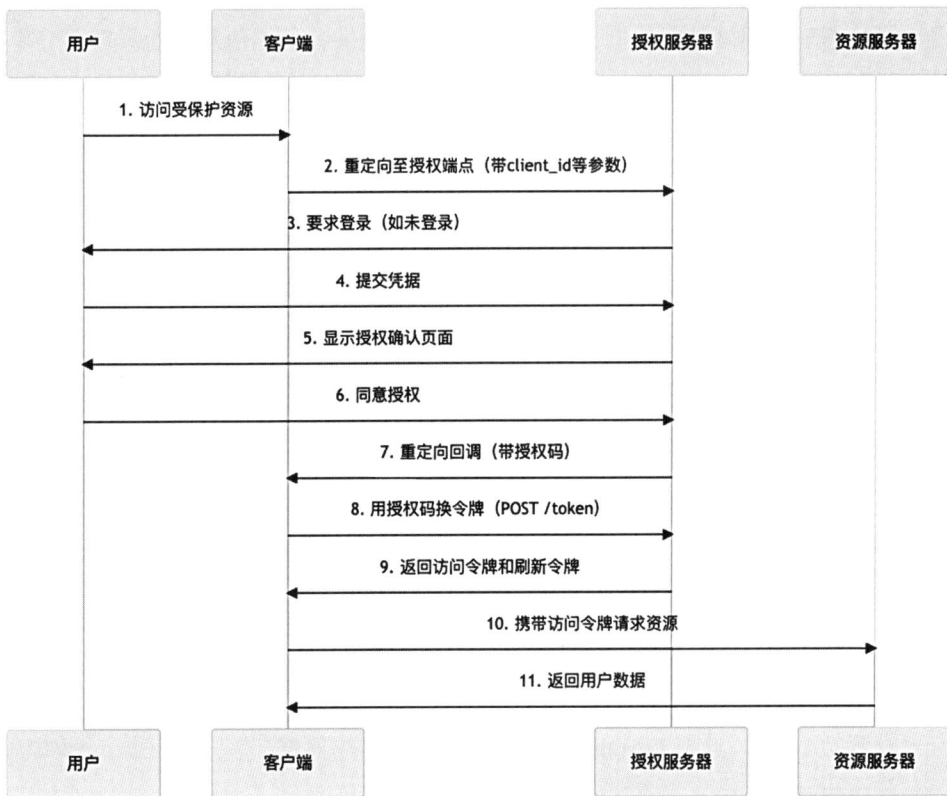

图 5.1　OAuth2 认证流程

5.2　基于 OAuth2 进行身份验证

　　FastAPI 提供了对 OAuth2 的支持，通过 OAuth2PasswordBearer 和 OAuth2Password_ RequestForm 这两个主要类，开发者可以快速实现基于 Password Flow 的认证系统。它允许应用程序在用户的许可下访问账户数据。以下是在 FastAPI 应用中使用 OAuth2 进行认证的示例。

Password Flow 是 OAuth2 中的一种授权模式，通常用于可信任的客户端，如本地应用。用户直接向客户端提供用户名和密码，客户端将这些凭据发送给授权服务器，授权服务器验证后返回访问令牌。首先，我们需要创建一个 OAuth2 密码承载者。在 FastAPI 中，OAuth2PasswordBearer 是处理此流程的关键类，示例代码如下。

```
# OAuth2 权限
from fastapi.security import OAuth2PasswordBearer
from fastapi import Depends
oauth2_scheme = OAuth2PasswordBearer(tokenUrl="token")  # 请求 token 的地址
http://127.0.0.1:8735/OAuth2_token
@app.get("/OAuth2_token", summary='OAuth2-Token')
async def read_token(token: str = Depends(oauth2_scheme)):
    return {"token": token}
```

在上面的代码中，tokenUrl 参数指定了客户端（如用户的浏览器或其他应用程序），用于发送认证请求以获取访问令牌的端点地址。这个地址是 OAuth2 密码授权模式的核心部分，客户端通过向该 URL 发送用户的用户名和密码来请求令牌。OAuth2PasswordBearer 是一个 FastAPI 提供的工具类，它接收 tokenUrl 作为参数，并自动处理令牌的验证和提取，确保只有携带有效令牌的请求才能访问受保护的资源。

客户端会向该 URL 发送 username 和 password 参数（通过表单的格式发送），然后得到一个 token 值，OAuth2PasswordBearer 并不会创建相应的 URL 路径操作，只是指明了客户端用来获取 token 的目标 URL.tokenUrl 是相对路径。

如果 API 位于 http://127.0.0.1:8735，那么它将引用 http://127.0.0.1:8735/token。如果 API 位于 http://127.0.0.1:8735/token，那么它将引用 http://127.0.0.1:8735/OAuth2_token。

oauth2_scheme 变量是 OAuth2PasswordBearer 的一个实例，但它也是一个可调用对象，所以它可以用于依赖项。

```
oauth2_scheme = OAuth2PasswordBearer(tokenUrl="/user/token")  # 请求 token
的地址 http://127.0.0.1:8735/user/token，所以路径为 /user/token
```

客户端发送请求的时候，FastAPI 会检查请求的 Authorization 头信息，如果没有找到 Authorization 头信息或者头信息的内容不是 Bearer token，它会返回 401 状态码（UNAUTHORIZED）。

传递 token 的请求结果，目前因为没有对 token 做验证，所以 token 传什么值都可以验证通过。

查看 Swagger API 文档，可以发现多了一个 Authorize 按钮锁，对应接口是一个未关闭的锁状态，按钮如图 5.2 所示（只有正确配置才会显示）。

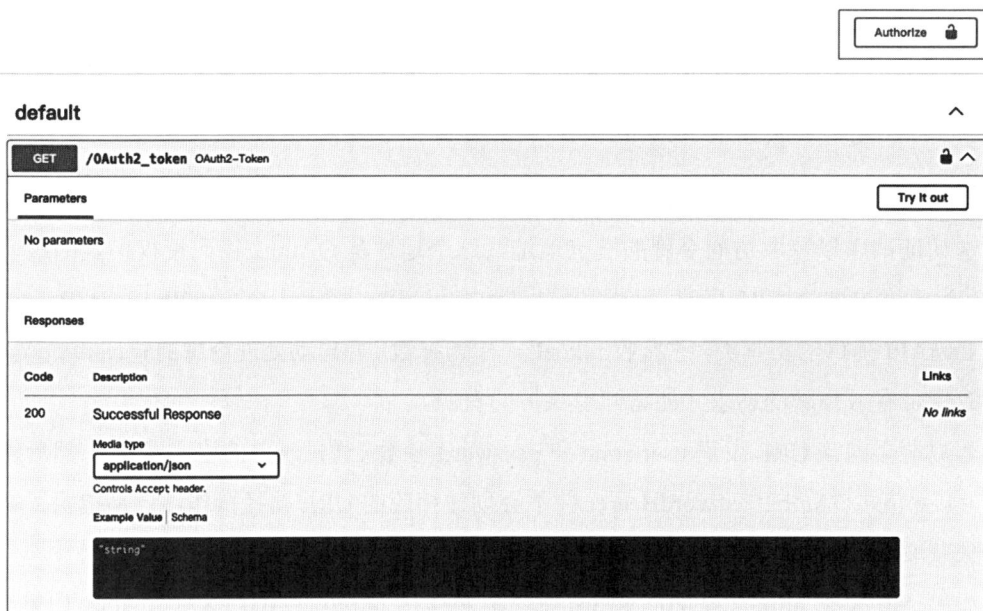

图 5.2　Authorize 按钮示例

单击 Authorize 按钮即可显示一个包含用户名、密码还有其他可选字段的授权表单，OAuth2 认证表单如图 5.3 所示。

在进行 token 路径操作时，我们首先需要模拟用户登录并完成身份验证。验证通过后，系统将返回一个 token，示例代码如下。

图 5.3　OAuth2 认证表单

```python
# 模拟数据库,用于快速测试字段和业务逻辑
fake_user_data = {
    "jack": {
        "username": "datascience",
        "full_name": "itdocs",
        "email": "jack@example.com",
        "hashed_password": "md5+jack2024",
        "disabled":True,
    },
    "fast": {
        "username": "fast",
        "full_name": " fast",
        "email": "fastapi@example.com",
```

```
        "hashed_password": "md5+fast2024",
        "disabled": False
    }
}
# 模拟 MD5 加密算法，实际应用中应使用 JWT 或 MD5
def md5_password(password: str) -> str:
    return "md5+" + password
# 返回给客户端的 User Model，不需要包含密码
class UserOut(BaseModel):
    username: str
    email: Optional[str] = None
    full_name: Optional[str] = None
    disabled: Optional[bool] = None


# 继承 UserOut，用于密码验证，包含密码
class UserInDB(UserOut):
    hashed_password: str
```

token 地址和登录：oauth2_scheme 这里要和 token 地址. /user/token 对应。

```
# 模拟数据库，用于快速测试字段和业务逻辑等
fake_user_data = {
    "datascience": {
        "username": "datascience",
        "full_name": "itdocs",
        "email": "jack@example.com",
        "hashed_password": "md5+jack2024",
        "disabled": False,
    },
    "fast": {
        "username": "fast",
        "full_name": "fastapi",
        "email": "fastapi@example.com",
        "hashed_password": "md5+fast2024",
```

```
        "disabled": True,
    }
}


# 模拟 hash/md5 加密算法,这里只是模拟，实际应用中应使用 JWT 或 MD5
def md5_password(password: str) -> str:
    return "md5+" + password


# 返回给客户端的 User Model,不需要包含密码
class UserOut(BaseModel):
    username: str
    email: Optional[str] = None
    full_name: Optional[str] = None
    disabled: Optional[bool] = None


# 继承 UserOut,用于密码验证，要包含密码
class UserInDB(UserOut):
    hashed_password: str


from fastapi.security import OAuth2PasswordRequestForm
from fastapi import HTTPException, status


# OAuth2 获取 token 的请求路径，与上边保持一致
@app.post("/user/token", summary='获取用户 token')
async def login(form_data: OAuth2PasswordRequestForm = Depends()):
    # 1、获取客户端传过来的用户名、密码
    username = form_data.username
    password = form_data.password
    # 2、模拟从数据库中根据用户名查找对应的用户，如果这里使用数据库，那么更改为对应的
crud 即可
    user_dict = fake_user_data.get(username)
    if not user_dict:
        # 3、若没有找到用户则返回错误码
```

```
    raise HTTPException(status_code=status.HTTP_400_BAD_REQUEST, detail="
用户名或密码不正确")

   # 4、找到用户
   user = UserInDB(**user_dict)
   # 5、将传进来的密码模拟 hash 加密
   hashed_password = md5_password(password)
   # 6、如果哈希后的密码和数据库中存储的密码不相等，则返回错误码
   if not hashed_password == user.hashed_password:
       raise HTTPException(status_code=status.HTTP_400_BAD_REQUEST, detail="
用户名或密码不正确")

   # 7、用户名、密码验证通过后，返回一个 JSON
   return {"access_token": user.username, "token_type": "bearer"}
```

在 FastAPI 的交互式 API 文档页面（Swagger UI）中，可以通过以下步骤进行身份验证：

（1）访问 URL：http://127.0.0.1:8735/docs。

（2）打开 API 文档页面。单击页面右上角的 Authorize 按钮。在弹出的认证对话框中，输入用户名和密码（例如：fast/fast2024）。

单击 Authorize 完成登录。如果认证成功，将获得访问受保护 API 的权限。认证登录成功效果如图 5.4 所示。

依赖于 Depends OAuth 的接口地址上锁了，此时若进行测试就会默认带上我们的token，token 值携带如图 5.5 所示。

为了更好地理解，我们将模拟登录过程并获取用户信息。在成功请求接口后，如图 5.6所示，我们成功地返回了登录用户的信息。

获取登录用户信息的示例代码如下。

```
# 模拟从数据库中根据用户名查找用户
def get_user(db, username: str):
    if username in db:
        user_dict = db[username]
```

```
        return UserInDB(**user_dict)
# 模拟验证 token，验证通过则返回对应的用户信息
def fake_decode_token(token):
    user = get_user(fake_user_data, token)
    return user
# 根据当前用户的 token 获取用户，token 已失效则返回错误码，返回 401 的 HTTPException
async def get_current_user(token: str = Depends(oauth2_scheme)):
    user = fake_decode_token(token)
    print(user)
    if not user:
        raise HTTPException(
            status_code=status.HTTP_401_UNAUTHORIZED,
            # 根据 OAuth2 规范，任何返回 HTTP 状态码 401 UNAUTHORIZED 的响应都应包含
WWW-Authenticate 头部，用于指示客户端如何进行身份验证。在此处返回值为 Bearer 的 WWW-
Authenticate 头部，明确告知客户端应使用 Bearer Token 进行认证。
            detail="Invalid authentication credentials",
            headers={"WWW-Authenticate": "Bearer"},   # 在此处返回的带有值
Bearer 的 WWW-Authenticate Header 也是 OAuth2 规范的一部分
        )
    return user
# 判断用户是否活跃，活跃则返回，不活跃则返回错误码
async def get_current_active_user(user: UserOut = Depends(get_current_user)):
    print(user)
    if user.disabled:
        raise       HTTPException(status_code=status.HTTP_400_BAD_REQUEST,
detail="Invalid User")
    return user
# 获取用户当前信息
@app.get("/user/me", summary='获取用户当前信息')
async def read_user(user: UserOut = Depends(get_current_active_user)):
    return user
```

请求头带上了，Authorization: Bearer fast

Available authorizations   ✕

Scopes are used to grant an application different levels of access to data on behalf of the end user.
Each API may declare one or more scopes.
API requires the following scopes. Select which ones you want to grant to Swagger UI.

OAuth2PasswordBearer (OAuth2, password)

Authorized

Token URL: /user/token
Flow: password
username: *fast*
password: ******
Client credentials location: *basic*
client_secret: ******

[Logout] [Close]

图 5.4　认证登录成功示例

GET **/OAuth2_token** OAuth2–Token   🔒 ∧

Parameters   [Cancel]

No parameters

[Execute]   [Clear]

Responses

Curl

```
curl -X 'GET' \
  'http://127.0.0.1:8735/OAuth2_token' \
  -H 'accept: application/json' \
  -H 'Authorization: Bearer fast'
```

Request URL

```
http://127.0.0.1:8735/OAuth2_token
```

Server response

Code	Details
200	Response body

```
{
  "token": "fast"
}
```
[Download]

Response headers

```
content-length: 16
content-type: application/json
date: Wed,20 Aug 2025 02:43:22 GMT
server: uvicorn
```

Responses

Code	Description	Links
200	Successful Response	No links

图 5.5　token 值携带示例

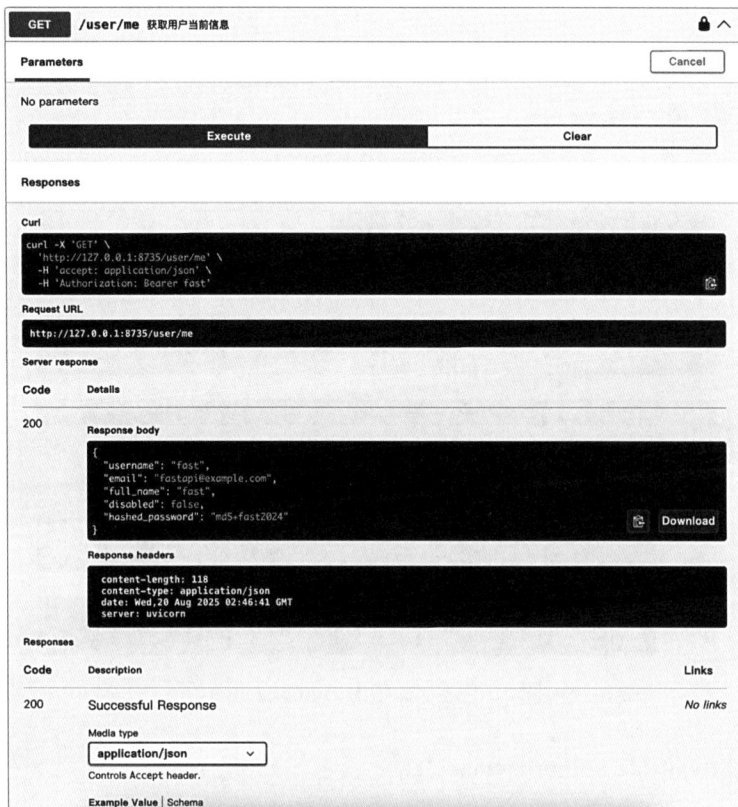

图 5.6 成功返回登录用户的信息

请求头带上 Authorization，如图 5.7 所示。

如需验证一个不活跃用户，可单击右上角小锁按钮，再单击 Logout 按钮退出当前登录用户，登录一个不活跃用户。这种场景在实际情况中应用广泛，例如违规用户被禁用，用户不符合产品规范，被定义为不活跃等。

再次单击小锁按钮，在 authenticate 表单填入以下测试用户。

```
username: datascience
password: jack2024
```

测试用户登录如图 5.8 所示。

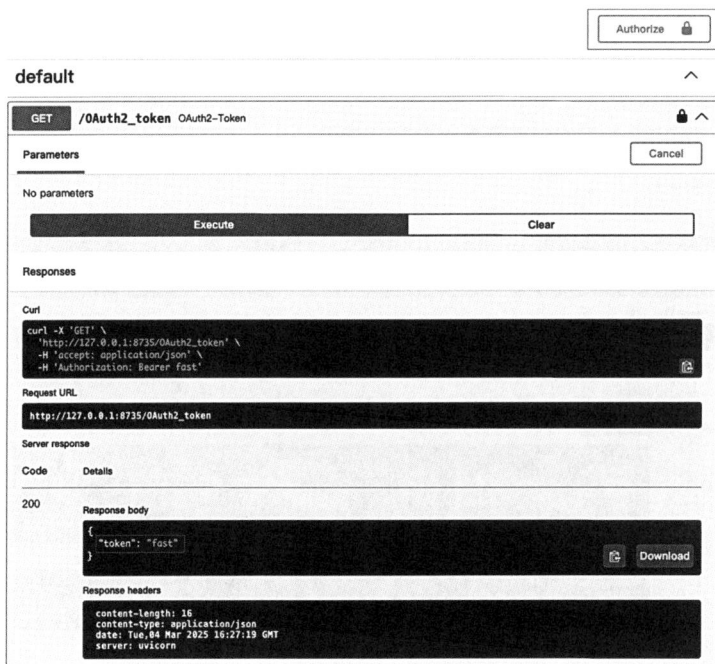

图 5.7　请求头带上 Authorization

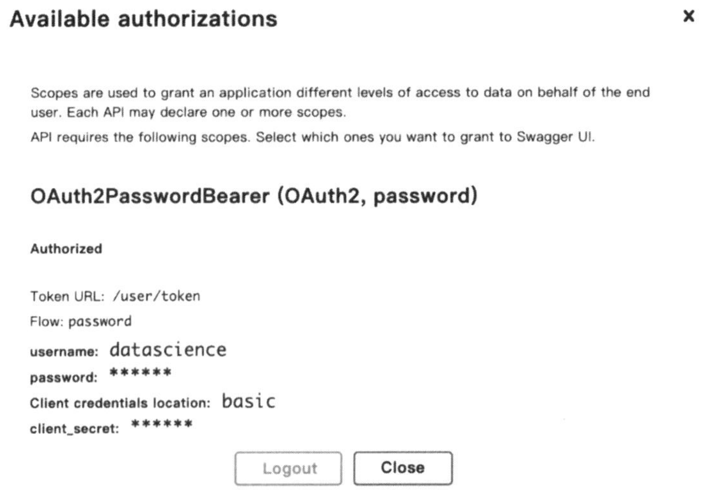

Available authorizations

Scopes are used to grant an application different levels of access to data on behalf of the end user. Each API may declare one or more scopes.

API requires the following scopes. Select which ones you want to grant to Swagger UI.

OAuth2PasswordBearer (OAuth2, password)

Authorized

Token URL: /user/token

Flow: password

username: datascience

password: ******

Client credentials location: basic

client_secret: ******

Logout　　Close

图 5.8　测试用户登录

因为我们并没有在登录接口上依赖限制用户的状态，所以可以正常访问，而当访问获取用户信息的接口时，token 会正常携带，但接口状态将更改如下。

```
http://127.0.0.1:8735/OAuth2_token
```

token 信息依旧正常，只不过目前的 token 和验证方式并不安全，后续我们将持续学习如何优化及使用 JWT token。

访问用户状态接口（http://127.0.0.1:8735/user/me），不活跃用户状态如图 5.9 所示。

图 5.9　不活跃用户状态

5.3　JWT

JWT（JSON Web Token）是一种常用的用于安全地在客户端与服务器之间传递信息的令牌机制。在 Web 应用中，JWT 通常用于认证和授权。FastAPI 提供了对 JWT 的良好支持，使得实现基于 JWT 的认证变得简单而高效。

JWT 令牌通常由三部分组成。

- 头部（header）：头部通常包含两部分信息：令牌的类型（即 JWT）和所使用的哈希算法（如 HMAC SHA256 或 RSA）。

- 负载（payload）：负载部分包含所要传递的声明。声明是关于实体（通常是用户）和其他数据的陈述。它可以包含多种标准字段（如发行者、过期时间等），也可以包含自定义的字段。

- 签名（signature）：签名是为了验证消息在传递过程中未被篡改。生成签名的方法是将编码后的头部和负载及一个密钥使用头部中指定的算法进行哈希。

JWT 的使用流程如下。

（1）用户认证：用户通过登录界面发送用户名和密码到服务器。

（2）生成 JWT：服务器验证用户的身份信息，然后创建一个包含用户信息和其他必要声明的 JWT。此 JWT 将被签名以确保其安全性。

（3）客户端存储 JWT：服务器将 JWT 发送回客户端，客户端通常将其存储在 LocalStorage 或 Cookie 中。

（4）发送请求：客户端在后续的请求中将 JWT 放在 HTTP 头的 Authorization 字段中发送给服务器。

（5）**服务器验证 JWT**：服务器接收到请求后，会验证 JWT 的签名，并从中提取用户信息和权限，以决定是否允许访问请求的资源。

JWT 在 Web 开发中的应用如下。

- **身份验证**：JWT 是处理用户登录的常用方法。服务器仅在初次登录时验证用户的凭证，之后就通过 JWT 来识别用户，无须再次输入密码。

- **跨域身份验证**：由于 JWT 自包含，它们非常适合用于单点登录（SSO）场景，可以在多个域之间安全地传递用户的身份信息。

- **实现无状态和可扩展性**：使用 JWT 可以减少服务器必须存储的会话信息量，因为用户状态完全由客户端保存和传输。这使得应用更易于扩展。

使用 JWT 能够带来许多便利，但需要妥善管理和实施，以确保系统的安全性和有效性。JWT 流程如图 5.10 所示。

流程图是一种表示算法、工作流或过程的图形，使用不同的标准图形符号来代表不同的步骤或操作。这些图形通常包括以下元素。

- **开始/结束（圆角矩形）**：表示流程的起始点和终止点。

- **处理步骤（矩形）**：表示流程中的一个操作或步骤。

- **决策（菱形）**：表示流程决策点，分支出两个或更多路径，每条都代表可能的选择。

- **数据（平行四边形）**：表示输入或输出数据。

- **预定义过程（矩形带双边缘）**：表示流程中调用的预先定义的过程或子程序。

- **连接符（小圆圈）**：用于连接流程图的不同部分，特别是在流程图跨越多个页面时。

- **注释（带尾巴的矩形）**：提供额外信息或说明。

- **流向线（箭头）**：表示流程中控制流的方向。

这些符号通过直线和箭头连接，直观地展示出流程的步骤和顺序，帮助理解和分析特定过程的运作方式。

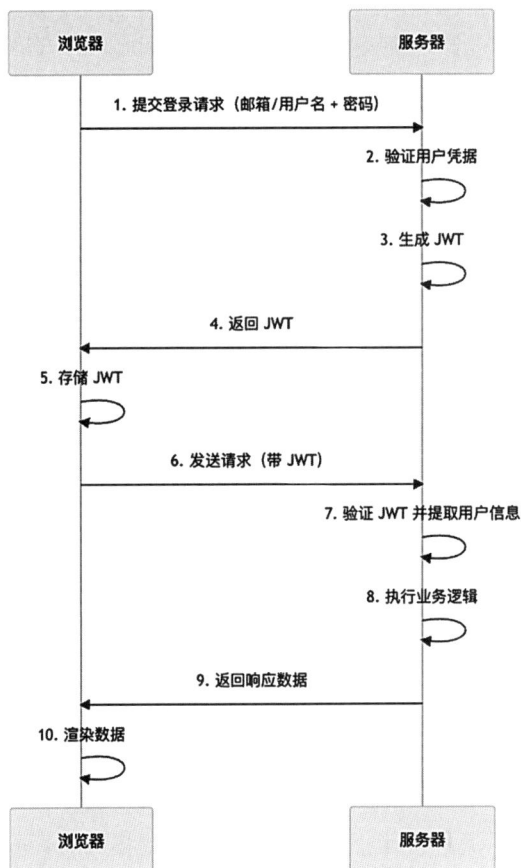

图 5.10　JWT 流程

5.4　在 FastAPI 中使用 JWT

在 FastAPI 中，JWT 通常用于实现用户登录后的认证机制。以下是一个完整的基于 JWT 的认证示例，包括用户登录、令牌生成、令牌验证等。首先安装依赖，如 passlib（用于密码哈希），示例如下。

```
pip install python-jose
pip install cryptography
pip  install passlib
or
pdm add python-jose
pdm add cryptography
pdm add passlib
```

处理 JWT token，生成用于签名的随机密钥，可在命令行输入，示例如下。

```
# 生成密钥
openssl rand -hex 32
```

不管任何项目，通常会使用常量池存储常量。

```
# 通过 openssl rand -hex 32 生成的随机密钥
SECRET_KEY = " a9c95c0da6ae5b1999cf87cf4e01ea94c5eae9e4573f517554eae8a21fee013d"
# 加密算法
ALGORITHM = "HS256"
# 过期时间，分钟
ACCESS_TOKEN_EXPIRE_MINUTES = 30
```

生成 JWT token 示例代码如下。

```
# 用户名、密码验证成功后，生成 token
def create_access_token(
        data: dict,  # 必须传递一个字典，通常包含要加入 JWT 的用户信息或其他数据。
        expires_delta: Optional[timedelta] = None
        # 可选参数，表示令牌的有效期。如果未提供，将默认为 30 分钟。Optional[timedelta]
表明这个参数可以接收 timedelta 类型的值，或者是 None（虽然在这个例子中没有显式处理 None
的情况）。
):
    to_encode = data.copy()  # 复制传入的数据字典，以避免修改原始数据
    if expires_delta:
        expire = datetime.utcnow() + expires_delta  # 计算令牌的过期时间。这是
通过取当前的 UTC 时间并加上有效期 expires_delta 来实现的。
    else:
```

```
    expire = datetime.utcnow() + timedelta(minutes=15)
  to_encode.update({"exp": expire}) # 将过期时间添加到 to_encode 字典中。JWT
中的 "exp" 字段用于表示令牌的过期时间。

  # try...except: 尝试编码 JWT，如果在编码过程中发生异常（如密钥问题或算法错误），
则捕获异常。
  try:
    # 加密 使用 python-jose 库来生成 JWT。这需要提供要编码的数据、密钥和算法。
    encoded_jwt = jwt.encode(to_encode, SECRET_KEY, algorithm=ALGORITHM)
    return encoded_jwt # 返回生成的 JWT 字符串。
  except Exception as e:
    # 如果在编码过程中捕获到异常，则重新抛出一个 ValueError，提供有关错误的更多信息。
    raise ValueError(f"Error encoding JWT: {str(e)}")
```

在 Python 3.12 中会出现警告提醒我们，datetime.datetime.utcnow()方法已经被废弃，并且将在未来的版本中移除。为了解决这个问题，并确保代码未来的兼容性，我们应该改用 datetime.datetime.now()方法，结合一个时区感知的参数来获取 UTC 时间。

```
from datetime import datetime, timedelta, timezone
datetime.utcnow() 修改为 datetime.now(timezone.utc)
```

使用示例如下。

```
user_data = {"sub": "2024", "name": "Jack Feng"}
token = create_access_token(data=user_data)
print(token)
```

哈希（Hash）、散列（Hash）和哈希值（Hash Value）是同一个概念的不同表述方式，它们都指的是通过哈希函数将任意长度的数据映射为固定长度的唯一值的过程。在密码学中，哈希函数通常用于将密码转换为不可逆的哈希值，以增强安全性。

数据库存储的密码不能是明文的，需要加密（当然，初学者刚开始也可以存储明文，但强烈建议不要使用明文存储密码、手机号等敏感信息）。PassLib 是一个用于处理哈希密码的 Python 包，推荐的算法是 Bcrypt。Python 的强大之处在于它拥有丰富的第三方库，PassLib 的功能包括：

● 生成哈希密码：将用户密码转换为不可逆的哈希值。

● 快速验证哈希密码：通过比对哈希值来验证用户输入的密码是否正确。

● 用户认证：通过验证用户名和密码来校验用户身份。

这基本满足我们对用户校验的需求，首先来安装包，示例代码如下。

```
pip install passlib
pip install bcrypt==4.0.1
#or
pdm add passlib
pdm add bcrypt==4.0.1 # 在使用这个版本时，如果直接安装，当前版本则是 4.1.2，会出
现 version = _bcrypt.__about__.__version__ 的错误，通过回滚固定版本解决这个问题，
新版本解决了此问题后再建议升级
```

生成哈希密码示例代码如下。

```
# 导入 CryptContext
from passlib.context import CryptContext
pwd_context = CryptContext(schemes=['bcrypt'], deprecated='auto')
# 密码加密
def hash_password(password: str) -> str:
    return pwd_context.hash(password)


print(hash_password('fast-2024'))
```

schemes=['bcrypt']: 这指定了上下文使用的哈希方案。在这里，你选择了 bcrypt，这是一种基于 Blowfish 密码学的自适应哈希函数，它可以通过增加迭代次数来抵抗暴力破解攻击。deprecated='auto': 这个参数的设置意味着 passlib 将自动处理使用过时的哈希方案。如果在验证密码时发现使用的是一个过时的哈希方案，passlib 将建议更新到一个更安全的哈希版本。

验证密码的示例代码如下。

```
def verify_password(plain_password, hashed_password):
    return pwd_context.verify(plain_password, hashed_password)
print("Hashed password:", hash_password('fast-2024'))
```

以上这个验证首先通过 bcrypt 算法来哈希字符串，之后再检查提供的密码（明文）是

否与已哈希的密码相匹配。这样，你就可以在任何需要安全存储和验证用户密码的应用程序中使用这个密码上下文。

虽然也可以不创建模型，但为了规范和数据校验，我们定义了 Pydantic 模型，以便后续扩展和生成用户登录凭证（token）。

```
# 创建生成 JWT token 需要用的 Pydantic Model
from pydantic import BaseModel
# 返回给客户端的 Token Model
class Token(BaseModel):
    access_token: str
    token_type: str
class TokenData(BaseModel):
    username: Optional[str] = None
```

5.5　模拟案例

本节将介绍一个简单的模拟案例，模拟用户登录行为。

首先获取 token，这里使用用户模拟登录来操作，这里只是为了获取用户 token，以及验证用户密码，此处使用 demo 数据模拟，示例代码如下。

```
from fastapi.security import OAuth2PasswordRequestForm
# OAuth2 获取 token 的请求路径
@app.post("/user/get_token", response_model=Token, summary='获取用户 token')
async def login(form_data: OAuth2PasswordRequestForm = Depends()):
    # 1、获取客户端传过来的用户名、密码
    username = form_data.username
    password = form_data.password
    # 2、模拟从数据库中根据用户名查找对应的用户，返回加密密码，看看是否一致
    if verify_password(password, hash_password(password)):
```

```
        print("验证成功")
        # 3.验证失败的话 返回错误码
        access_token_expires = timedelta(minutes=ACCESS_TOKEN_EXPIRE_MINUTES)
        # 4、生成 token
        access_token = create_access_token(
            data={"sub": username},
            expires_delta=access_token_expires
        )
        # 5、返回 JSON 响应
        return {"access_token": access_token, "token_type": "bearer"}
if __name__ == '__main__':
    uvicorn.run('09_JWT:app', host='127.0.0.1', port=8735, reload=True)
```

登录验证成功之后，在接口页面正确返回 token 信息，如图 5.11 所示。

我们模拟用户登录成功之后，要根据生成的 token 来拿到对应的用户信息，例如用户名称，这些在 Web 项目开发中都很常见，示例代码如下。

```
# 模拟数据库
fake_users_db = {
    "jack": {
        "username": "jack",
        "hashed_password":
"$2b$12$t8RsukyEueVUjs1Qb5Dyl.PNR94IOu8BQDDwiL2/vc4WmFpLFOCKW",
    }
}
class UserOut(BaseModel):
    username: str
# 继承 UserOut，用于密码验证，所以要包含密码
class UserInDB(UserOut):
    hashed_password: str
# 模拟从数据库中根据用户名查找用户
def get_user(db, username: str):
    if username in db:
        user_dict = db[username]
```

```
        return UserInDB(**user_dict)
oauth2_scheme = OAuth2PasswordBearer(
    tokenUrl="/user/get_token"
)  # 请求 token 的地址 http://127.0.0.1:8735/user/token，所以路径为 /user/token
# 此处的响应模型在 token 模型中已经定义过了
@app.get('/depends/token_user', response_model=TokenData, summary='根据
token 获取用户信息')
# 根据当前用户的 token 获取用户，token 已失效则返回错误码
async def get_current_user(token: str = Depends(oauth2_scheme)):
    credentials_exception = HTTPException(
        status_code=status.HTTP_401_UNAUTHORIZED,
        detail="Could not validate credentials",
        headers={"WWW-Authenticate": "Bearer"},
    )
    try:
        # 1、解码收到的 token
        payload = jwt.decode(token, SECRET_KEY, algorithms=ALGORITHM)
        # 2、拿到 username
        username: str = payload.get("sub")
        if not username:
            # 3、若 token 失效，则返回错误码
            raise credentials_exception
        token_data = TokenData(username=username)
    except JWTError:
        raise credentials_exception
    # 4、获取用户
    user = get_user(fake_users_db, username=token_data.username)
    if not user:
        raise credentials_exception
    # 5、返回用户
    return user
```

输入测试登录用户信息 jack/fast-2024，首先要确认登录，登录成功后如图 5.12 所示，可直接获取登录用户信息，因为 token 中携带了该用户的 key 值。

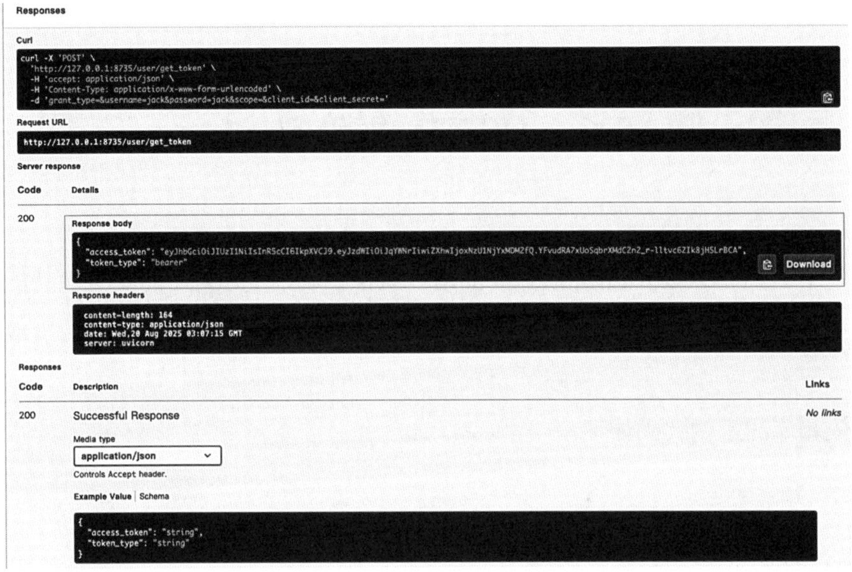

Responses

Curl

```
curl -X 'POST' \
  'http://127.0.0.1:8735/user/get_token' \
  -H 'accept: application/json' \
  -H 'Content-Type: application/x-www-form-urlencoded' \
  -d 'grant_type=&username=jack&password=jack&scope=&client_id=&client_secret='
```

Request URL

```
http://127.0.0.1:8735/user/get_token
```

Server response

Code	Details
200	Response body

```
{
  "access_token": "eyJhbGciOiJIUzI1NiIsInR5cCI6IkpXVCJ9.eyJzdWIiOiJqYWNrIiwiZXhwIjoxNzU1MDM2fQ.YFvudRA7xUoSqbrXWdCZn2_r-lltvc6ZIk8jHSLrBCA",
  "token_type": "bearer"
}
```

Response headers

```
content-length: 164
content-type: application/json
date: Wed,20 Aug 2025 03:07:15 GMT
server: uvicorn
```

Responses

Code	Description	Links
200	Successful Response	No links

Media type

```
application/json          ∨
```

Controls Accept header.

Example Value | Schema

```
{
  "access_token": "string",
  "token_type": "string"
}
```

图 5.11　正确返回 token 信息

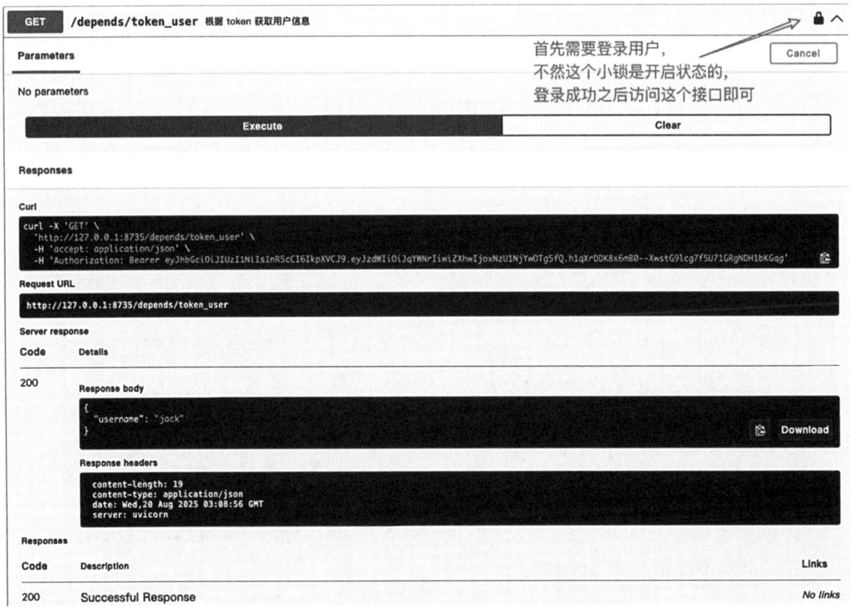

GET /depends/token_user 根据 token 获取用户信息

首先需要登录用户，
不然这个小锁是开启状态的，
登录成功之后访问这个接口即可

Cancel

Parameters

No parameters

Execute | Clear

Responses

Curl

```
curl -X 'GET' \
  'http://127.0.0.1:8735/depends/token_user' \
  -H 'accept: application/json' \
  -H 'Authorization: Bearer eyJhbGciOiJIUzI1NiIsInR5cCI6IkpXVCJ9.eyJzdWIiOiJqYWNrIiwiZXhwIjoxNzU1NjYwOTg5fQ.h1qXrDDK8x6m8D--XwstG9lcg7fSU71GRgNDH1bKGag'
```

Request URL

```
http://127.0.0.1:8735/depends/token_user
```

Server response

Code	Details
200	Response body

```
{
  "username": "jack"
}
```

Response headers

```
content-length: 19
content-type: application/json
date: Wed,20 Aug 2025 03:08:56 GMT
server: uvicorn
```

Responses

Code	Description	Links
200	Successful Response	No links

图 5.12　可直接获取登录用户信息

5.6　HTTP 身份认证

实现基于 HTTP Basic Authentication 的用户认证，利用 FastAPI 的安全性功能及安全比较函数来保护密码。这是一个简单而有效的认证机制，常用于 API 的初始阶段或少量用户的情况。

引入依赖库的示例代码如下。

```
import secrets
from fastapi.security import HTTPBasic, HTTPBasicCredentials
```

import secrets 导入 Python 的 secrets 模块，用于提供更安全的随机数生成，以及安全的比较方法来对抗时间分析攻击。

from fastapi.security import HTTPBasic, HTTPBasicCredentials：从 FastAPI 的安全模块导入 HTTPBasic 和 HTTPBasicCredentials 类。HTTPBasic 是一个帮助类，用于实现 HTTP 基本认证机制。HTTPBasicCredentials 类用于表示通过 HTTP 基本认证传递的用户凭证。

```
# http 认证机制
import secrets
from fastapi.security import HTTPBasic, HTTPBasicCredentials

security = HTTPBasic()  # 创建 HTTPBasic 实例，用于后续在依赖中处理认证。

# 定义依赖函数
def get_current_username(credentials: HTTPBasicCredentials = Depends(security)):
    # 从凭证对象中提取用户名和密码。
    correct_username = secrets.compare_digest(
```

```
    credentials.username, "jack"
    )  # 使用 secrets.compare_digest 进行安全的字符串比较，以避免基于时间的攻
击。比较用户输入的用户名和密码是否与预设的值匹配。
    correct_password = secrets.compare_digest(credentials.password, "feng")
    if not (correct_username and correct_password):
        raise HTTPException(
            status_code=status.HTTP_401_UNAUTHORIZED,  # 如果用户名或密码不正
确，则抛出 HTTPException，返回 401 未授权状态码，并提示用户进行基本认证。
            detail="Incorrect email or password",
            headers={"WWW-Authenticate": "Basic"},
        )
    return credentials.username  # 如果验证通过，则返回用户名。

# 这个路由处理函数返回认证通过的用户的用户名。
@app.get("/token/http_security", summary='http 身份认证')
def read_current_user(username: str = Depends(get_current_username)):
    return {"username": username}

if __name__ == '__main__':
    uvicorn.run('09_JWT:app', host='127.0.0.1', port=8735, reload=True)
```

访问 http://127.0.0.1:8735/token/http_security，输入用户信息（jack/feng），如图 5.13 所示，单击“登录”按钮进行登录。

图 5.13　输入用户信息

如果用户信息正确，成功响应结果如图 5.14 所示。

此示例展示了如何在 FastAPI 应用中实现基本的 HTTP 认证机制，利用安全的字符串比较来验证用户名和密码，确保了基本的安全性。这种方法适用于 API 初步开发阶段或较小规模的用户管理。对于更复杂或安全性要求更高的应用，推荐使用 OAuth2 或 JWT 等更为先进的认证机制。

图 5.14 成功响应结果

第 6 章
中间件与静态文件

在 Web 应用中,中间件通常用于处理请求和响应的管道,执行诸如身份验证、日志记录、请求路由等任务。静态文件(如 HTML、CSS、JavaScript、图片等)是 Web 应用的组成部分,它们通常不需要服务器端的动态处理。中间件可以用来优化静态文件的传输,例如设置缓存策略、压缩文件、提供 CDN 支持等,以提高性能和用户体验。

6.1　中间件

在 FastAPI 中,中间件(middleware)是一种在请求到达路径操作函数之前或响应返回客户端之前执行代码的机制。中间件可以用于处理诸如日志记录、用户认证、请求或响应的修改等全局功能。通过中间件,开发者可以在应用的各个阶段插入自定义逻辑,而无须在每个路径操作中使用重复代码。

FastAPI 的中间件与其他 Web 框架的中间件类似。它们围绕着请求和响应的整个生命周期运行,允许在处理请求或响应时执行某些操作。每个中间件都是一个函数或类,接收

request 对象并返回一个 response 对象。中间件的关键功能如下。

- 通信管理：中间件可以处理不同系统之间的通信任务，例如请求响应模式、发布/订阅模式等。这有助于异构系统之间的信息交换。
- 事务管理：中间件支持事务的管理，确保数据的一致性和完整性。例如，在数据库操作中，中间件可以确保操作要么完全成功，要么完全回滚。
- 资源管理：中间件可以对系统资源进行管理和优化配置，例如，管理数据库连接和网络连接等。
- 安全性：提供认证和授权服务，确保只有合法用户和系统能够访问资源。
- 服务集成：中间件允许不同的应用程序和服务通过标准的方式集成，例如使用 SOAP 或 REST API。

中间件的类型很多，常见类型如下。

- 数据库中间件：如 ODBC、JDBC，用于连接数据库和应用程序。
- 消息中间件：如 RabbitMQ、Kafka，用于处理应用程序之间的消息传递。
- Web 中间件：如 Web 服务器和应用服务器，用于处理 HTTP 请求和响应。
- 事务处理监视器：如 IBM 的 CICS 或 BEA 的 Tuxedo，用于管理大量的分布式计算事务。

总体来说，中间件极大地简化了复杂系统间的交互，提高了系统的可扩展性、可靠性和效率。

对于应用来说，中间件其实就是一个定义函数，它在请求被任何特定路径操作处理之前处理每个请求，且在每个 response 返回之前调用，类似一个钩子函数。执行顺序如下。

（1）中间件会接收应用程序的每个请求。

（2）针对请求 request 或其他功能，可自定义代码块。

（3）再将请求 request 传回给路径操作函数，再由路径函数执行。

（4）路径操作函数执行完之后，中间件会获取生成的响应 response。

（5）然后中间件可以针对响应数据或其他功能，自定义代码块。

（6）最后返回 response 给客户端。

FastAPI 中间件的执行顺序遵循定义顺序。如果你有多个中间件，它们会按照定义顺序依次执行。中间件的执行顺序对应用的行为可能产生重大影响，因此应谨慎安排中间件的顺序。收到请求 call_next 时，产生的中间件流程如图 6.1 所示。

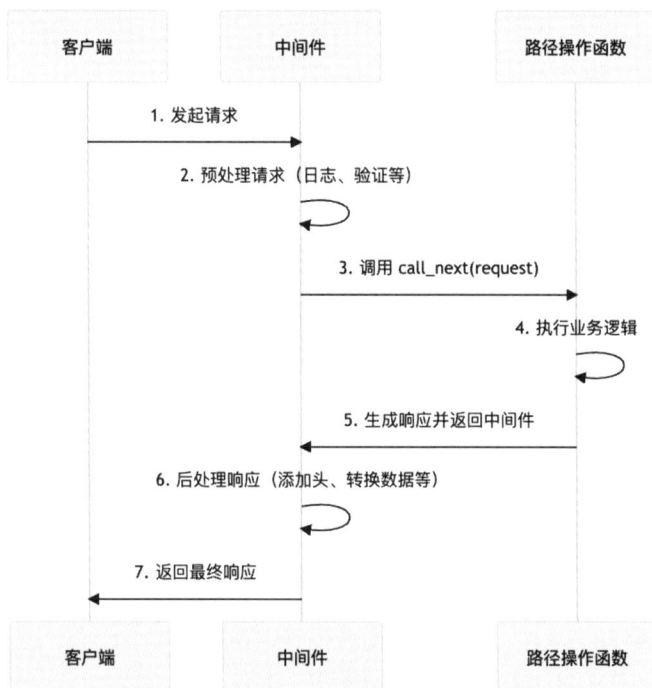

图 6.1　中间件流程

创建中间件的必要参数主要是中间件函数接收参数，包括如下三种。

● request：Request 对象，包含请求的所有信息。

● call_next：函数，用于将请求传递给下一个中间件或路径操作。

● response：Response 对象，包含响应的所有信息。

call_next 会将 request 传递给相应的路径操作函数，然后会返回路径操作函数产生的响应，赋值给 response，可以在中间件 return 前对 response 进行操作。在 FastAPI 中，可以通过@app.middleware 装饰器或者在 FastAPI 实例化时使用 add_middleware 方法来定义和使用中间件。

```python
import uvicorn
from fastapi import FastAPI, Request, status, Query, Body,Response
from fastapi.encoders import jsonable_encoder
from pydantic import BaseModel
import logging
# 配置日志
logging.basicConfig(level=logging.INFO)
logger = logging.getLogger(__name__)
app = FastAPI()
class UserMid(BaseModel):
    name: str = None
    age: int = None
# 注册中间件
@app.middleware("http")
async def add_process_time_header(request: Request, call_next):
    logger.info("对请求执行自定义逻辑")
    logger.debug(f"请求参数:{request.query_params}, 方法:{request.method}")
    try:
        response = await call_next(request)
    except Exception as e:
        logger.error(f"发生错误: {e}")
        return Response("内部服务器错误", status_code=500)
    logger.info("对响应执行自定义逻辑")
    response.headers["X-Process-Token"] = "fast_token_jack"
    response.status_code = status.HTTP_202_ACCEPTED
    return response
@app.post("/read_middleware/", summary="中间件示例")
async def read_middleware(mid_id: str = Query(...), user: UserMid = Body(...)):
    res = {"item_id": mid_id}
    if user:
        res.update(jsonable_encoder(user))
    logger.info(f"执行路由操作函数: {res}")
    return res
if __name__ == '__main__':
```

```
uvicorn.run("10_Middleware:app", host="127.0.0.1", port=8735, reload=True)
```

call_next 是一个函数，调用的就是请求路径对应的路径操作函数，返回值是一个
Response 类型的对象。访问示例接口为 http://127.0.0.1:8735/docs#/default/read_middleware_
read_middleware__post，中间件参数接口如图 6.2 所示。

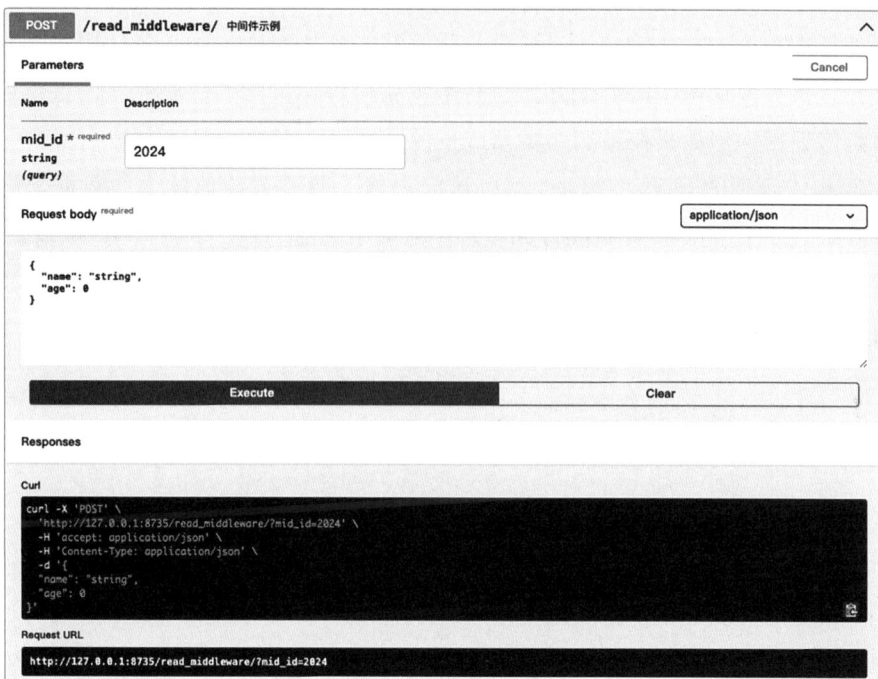

图 6.2　中间件参数接口

在 FastAPI 中，理解中间件、依赖项（包含 yield 语句的），以及后台任务（background
task）的执行顺序非常重要，尤其是当这些组件需要同时使用时。这里我将详细说明它们的
执行顺序及每个组件的作用和注意事项。

依赖项中的 yield 语句前的代码块是请求处理流程中最先执行的部分。这部分代码通常
用于设置或准备操作，如数据库连接、认证、授权等。此代码块在中间件执行之前完成，
意味着任何在此阶段设置的状态都可以在中间件中访问。

中间件在依赖项的 yield 之前的代码执行之后开始工作。中间件主要用于处理入站请求

和出站响应。它们可以修改请求或响应，或者执行诸如日志记录、错误处理等通用任务。中间件在继续到下一步之前不会等待依赖项的 yield 之后的代码块执行。

依赖项中 yield 语句后的代码块在中间件和请求处理后执行。这通常用于清理或释放在请求期间设置或占用的资源，如关闭数据库连接。这个阶段的代码执行是在整个请求处理完成后，响应即将发送给客户端之前。

后台任务在整个 HTTP 响应发送给客户端之后开始执行。这些任务适用于不需要即时完成的操作，例如发送电子邮件通知、进行数据备份等。重要的是要注意，虽然后台任务不会阻塞响应返回，但如果在关闭服务器或资源之前未能完成，可能会被中断。

中间件和依赖项的互动：中间件可以访问和修改通过依赖项传递的数据，但只是在 yield 之前的部分。因此，设计中间件和依赖项时应考虑这一点。

后台任务的风险：由于后台任务是在响应后异步执行的，它们运行的环境与主请求处理流程可能略有不同。例如，如果依赖于某些请求作用域的资源，可能会出现问题。要确保后台任务独立于请求的上下文运行，或适当管理依赖关系。

6.2　静态文件

在现代应用开发中，前后端分离架构已经成为主流，前端和后端通常是独立开发和部署的。前端通常会使用如 React、Vue、Angular 等框架构建，而后端 API 服务则使用 FastAPI 等框架来提供数据和业务逻辑。尽管如此，FastAPI 仍然支持提供静态资源，并且在某些场景下，这一功能仍然很有用，例如以下两种场景。

- **单页面应用（SPA）部署**：在开发和生产环境中，通过 FastAPI 提供静态文件（如 HTML、CSS、JavaScript）来实现前端页面的托管。
- **静态内容分析**：在需要进行快速测试或分析时，可以将静态资源集成在 FastAPI 应用中，方便开发和调试。

虽然现在都采用前后端分离架构，在 FastAPI 应用程序中直接使用静态资源的可能性不大，但这里建议学习一下，可以用于单页面分析上。

　　静态文件（static file）通常指的是在 Web 应用程序中不经常改变的文件，比如 HTML 文档、CSS 样式表、JavaScript 脚本、图片和视频等。这些文件不需要服务器动态处理，可以直接由 Web 服务器提供给客户端。

　　可通过 StaticFiles 类轻松配置静态文件路径。安装 aiofiles，这是静态网页需要的包。

```
# 安装包 aiofiles
"""
pip install aiofiles
or
pdm add aiofiles
"""
```

　　挂载指在特定路径中添加一个完整的"独立"应用程序，然后负责处理所有子路径，这与使用 APIRouter 不同，因为挂载的应用程序是完全独立的。主应用程序中的 OpenAPI 和文档不会包含来自挂载的应用程序的任何内容。

　　jQuery 是一个快速、小巧且功能丰富的 JavaScript 库，它简化了 HTML 文档的遍历和操作、事件处理、动画效果及 Ajax 交互。虽然在现代前端开发中，随着原生 JavaScript 的进步及诸如 React、Vue 等框架的兴起，jQuery 的使用有所减少，但它仍然在许多老旧项目中广泛存在，并且在快速开发和一些简单的 DOM 操作中依旧有它的价值。官网地址为 https://jquery.com/。

```
//从官方网站下载
<script src="https://code.jquery.com/jquery-3.6.0.min.js"></script>
//从 CDN 下载
<script
src="https://cdn.bootcdn.net/ajax/libs/jquery/3.6.0/jquery.min.js"></script>
//从 npm 下载
npm install jquery
"""
```

静态文件使用的示例代码如下。

```python
//从官方网站下载
<script src="https://code.jquery.com/jquery-3.6.0.min.js"></script>
//从 CDN 下载
<script
src="https://cdn.bootcdn.net/ajax/libs/jquery/3.6.0/jquery.min.js"></script>
//从 npm 下载
npm install jquery
"""

"""
静态资源 StaticFiles
"""
from fastapi import FastAPI
from fastapi.responses import HTMLResponse
from fastapi.staticfiles import StaticFiles
app = FastAPI()
# 挂载 选择自己的路径
app.mount(
    "/Users/jackfeng/item/ai/fastapi_ai/fast_dev/tests/study/static",

StaticFiles(directory="/Users/jackfeng/item/ai/fastapi_ai/fast_dev/tests
/study/static"),
    name="static"
)
@app.get("/static", summary='静态文件')
def get_login():
    # 返回一段 HTML 代码，导入 js 文件的路径以 /static 为根路径
    html = """
        <!DOCTYPE html>
        <html lang="en">
        <head>
            <meta charset="UTF-8">
            <title>Title</title>
            <script src="/static/jquery.min.js"></script>
```

```
        </head>
        <body>
            jack
            这里是静态文件
        </body>
        </html>
    """
    return HTMLResponse(html)
if __name__ == '__main__':
    import uvicorn
    uvicorn.run("13_Static_Files:app", host="127.0.0.1", port=8735, reload=True)
```

以上代码的解析如下。

● 第一个参数/static：是指前端访问的路径，比如 http://127.0.0.1:8735/static/xxx.jpg。

● 第二个参数 directory="static"：是指项目中存放静态资源的路径，相对于当前运行的 py 文件路径。

● 第三个参数 name="static"：一个可以被 FastAPI 内部使用的名称。

index.html 内容如下，运行后的静态文件测试效果如图 6.3 所示。

```
<!DOCTYPE html>
<html lang="en">
<head>
    <meta charset="UTF-8">
    <title>Hello FastAPI </title>
    <h1>Item ID: {{ id }}</h1>
</head>
<body>
</body>
</html>
```

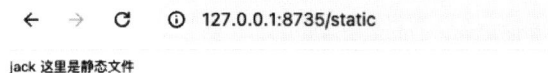

←　→　C　① 127.0.0.1:8735/static

jack 这里是静态文件

图 6.3　静态文件测试效果

6.3　Jinja2 模板

Jinja2 是 Flask 作者开发的一个模板系统，起初是仿 Django 模板的一个模板引擎，为 Flask 提供模板支持，由于其灵活、快速和安全等优点被广泛使用。当我们开发 Web 应用程序时，通常需要将数据动态地渲染到 HTML 模板中，而 Python jinja2 模板技术正是为此而生的。模板渲染流程如图 6.4 所示。

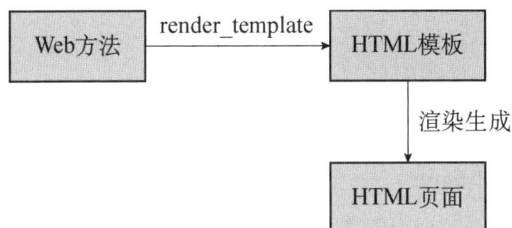

图 6.4　模板渲染流程

首先，需要安装 jinja2 依赖，命令如下。

```
pip install jinja2
pdm add jinja2
```

Jinja2 支持在模板中使用占位符（{{ }}）来插入变量的值。变量可以是字符串、数字、列表、字典等。

```
<h1>Hello, {{ username }}!</h1>
# 假设 username 变量的值是 John，渲染后的 HTML 会是:
<h1>Hello, John!</h1>
```

Jinja2 支持常见的控制结构，如条件判断和循环，示例代码如下。

```
# 条件判断:
{% if user.is_admin %}
```

```
    <p>Welcome, admin!</p>
{% else %}
    <p>Welcome, user!</p>
{% endif %}


#循环:
<ul>
{% for item in items %}
    <li>{{ item }}</li>
{% endfor %}
</ul>
```

这段代码会根据 items 列表的内容生成一个 HTML 列表。

过滤器可以对变量进行处理,如修改格式、转换大小写等。可以使用管道符号 | 应用过滤器。

```
<p>{{ user.name | upper }}</p>  <!-- 将用户名转为大写 -->
<p>{{ price | round(2) }}</p>   <!-- 保留两位小数 -->
```

Jinja2 支持宏(类似于函数)和模板继承,使得模板更加模块化和可复用。

```
#定义宏:
{% macro render_input(name, value='') %}
    <input type="text" name="{{ name }}" value="{{ value }}">
{% endmacro %}
#模板继承:
# Jinja2 的模板继承机制允许你定义一个基础模板,并在其他模板中扩展它。
#基础模板:
<!-- base.html -->
<html>
<head>
    <title>{% block title %}My Website{% endblock %}</title>
</head>
<body>
```

```
    <header>
        <h1>My Website</h1>
    </header>
    <div>
        {% block content %}{% endblock %}
    </div>
</body>
</html>
#子模板：
<!-- child.html -->
{% extends "base.html" %}
{% block title %}Home Page{% endblock %}
{% block content %}
    <p>Welcome to the home page!</p>
{% endblock %}
```

Jinja2 默认对输出进行 HTML 转义，这有助于防止跨站脚本（XSS）攻击。对于不需要转义的输出，可使用|safe 过滤器。

```
<p>{{ user_input | safe }}</p>
```

在 Web 开发中，Jinja2 通常与 Flask 等框架配合使用，将后端数据渲染到前端页面。

```
from flask import Flask, render_template
app = Flask(__name__)
@app.route("/")
def home():
    return render_template("index.html", username="John", items=["Item1",
"Item2", "Item3"])
```

在上面的示例中，render_template 函数会将指定的 HTML 模板与数据结合，生成最终的 HTML 页面。

在这个示例中，我们定义了一个基础模板 base.html，它包含了页面的基本结构和布局。我们还定义了一个子模板 page.html，它继承了 base.html，并覆盖了其中的标题和内容块。

过滤器说明如图 6.5 所示。

过滤器名称	说明
safe	渲染时值不转义
capitialize	把值的首字母转换成大写，其他子母转换为小写
lower	把值转换成小写形式
upper	把值转换成大写形式
title	把值中每个单词的首字母都转换成大写
trim	把值的首尾空格去掉
striptags	渲染之前把值中所有的HTML标签都删掉
join	拼接多个值为字符串
replace	替换字符串的值
round	默认对数字进行四舍五入，也可以用参数进行控制
int	把值转换成整型

图 6.5　过滤器说明

渲染网页的示例代码如下。

```
<!DOCTYPE html>
<html lang="en">
<head>
    <meta charset="UTF-8">
    <title>Hello FastAPI </title>
    <h1>Item ID: {{ id }}</h1>
</head>
<body>
</body>
</html>
```

在 index.html 基础上，使用 Jinja2，代码如下。

```
from fastapi import Request
from starlette.templating import Jinja2Templates

# 创建一个 templates（模板）对象，以后可以重用。
```

```
templates                                                       =
Jinja2Templates(directory='/Users/jackfeng/item/ai/fastapi_ai/fast_dev/t
ests/study/static')


@app.get('/static/jinja2', summary='jinja2 模板')
async def read_jinja_item(request: Request, id: str):
    return templates.TemplateResponse("index.html", {"request": request,
"id": id})
```

运行后可通过接口页面访问，Jinja2 接口模板如图 6.6 所示。

图 6.6　jinja2 接口模板

第 7 章
测试熔断与 WebSocket

在软件开发和系统架构中，测试和熔断是两个不同的概念，但它们都是确保软件质量和系统稳定性的重要手段。WebSocket 是一种网络通信协议，提供了在单个 TCP 连接上进行全双工通信的能力，适用于需要实时数据传输的应用场景，如聊天应用、实时游戏等。

7.1　测试

测试是软件开发中的重要环节，旨在确保代码的正确性、稳定性和质量。常见的测试包括单元测试、集成测试、端到端测试、性能测试、回归测试。

单元测试是针对代码中最小的功能单元（例如函数或方法）进行验证。它确保每个组件都能独立正确地工作。例如，使用 Pytest 可以编写和运行单元测试，验证每个函数的行为是否符合预期。

集成测试验证多个模块或服务之间的协作是否正常。它关注的是模块之间的接口和交互。集成测试确保当不同组件结合在一起时，能够正确协作和交换数据。

端到端测试模拟用户行为，验证整个系统是否按照预期工作。通常用于测试系统的整体功能和用户流程。在前后端分离的项目中，端到端测试通常用于验证整个应用的工作流程，例如通过工具如 Selenium、Cypress 进行 UI 测试。

性能测试关注系统的响应速度、负载能力、稳定性等非功能性指标，包括压力测试、负载测试等。

回归测试用于确保系统在进行功能更新或修复时，已有功能不会被意外破坏。

Pytest 是一个用于 Python 的强大测试框架，以其简洁、灵活和易于扩展的特性广受欢迎。它支持简单的单元测试、复杂的功能测试以及参数化测试，还能很好地处理测试夹具（fixtures）、插件和自定义扩展，下面介绍如何使用 Pytest。

安装 Pytest 的命令是 pdm add pytest 或 pip install pytest。

安装规则如下。

● 所有的单测文件名都需要满足 test_*.py 格式或*_test.py 格式。
● 测试函数以 test_ 开头。
● 测试类以 Test 开头，并且不能带有 init 方法。
● 断言使用基本的 assert 即可。

编写 test_main.http 文件，示例代码如下。

```
# Test your FastAPI endpoints
GET http://127.0.0.1:8735/
Accept: application/json


GET http://127.0.0.1:8735/v1/index
Accept: application/json
```

函数名必须以 test_ 开头，示例代码如下。

```
# pytest 使用
import pytest
def test_a():  # 函数名必须以 test_ 开头，这是 pytest 的约定
    print("======= testa")
    assert 1
```

```
def test_b():
    print("==========testb")
    assert 0
if __name__ == '__main__':
    pytest.main(["-s", "14_Test.py"])
```

以下是 main 参数的解析。

● -m=xxx: 运行打标签的用例。

● -q: 安静模式，不输出环境信息。

● -v: 丰富信息模式，输出更详细的用例执行信息。

● -s: 显示程序中的 print/logging 输出。

● --resultlog=./log.txt: 生成 log。

● --junitxml=./log.xml: 当前目录下生成 xml 报告。

● --html=./report.html': 当前目录下生成 html 报告。

● pytest.main(["目录名"]): 运行当前目录下所有满足条件的测试。

● pytest.main(['test_xxx.py']): 运行单个测试文件。

● pytest.main(['test_reg.py::类名::函数名']): 运行指定的类和指定的函数。

FastAPI 支持单元测试，也称为白盒测试，它通过集成第三方库简化了测试过程。

FastAPI 的单元测试主要基于 Pytest 和 Requests 库，以下是一个示例代码。

```
from fastapi import FastAPI
from fastapi.testclient import TestClient

app = FastAPI()

@app.get('/v1/index')
def index():
    return {'msg': 'FastAPI 2024'}

def test_main():
    # 声明一个 TestClient，把 FastAPI() 实例对象传进去
```

```python
client = TestClient(app)
# 请求 http://127.0.0.1:8735/v1/index
response = client.get("/v1/index")
assert response.status_code == 200
assert response.json() == {
    "code": 200,
    "message": "success",
    "data": [
        {
            "id": 1,
            "name": "Fast-API",
            "desc": "基于 FastAPI 的后端项目"
        },
        {
            "id": 2,
            "name": "Jack",
            "desc": "撰写 《Python 和 FastAPI 高性能 Web 开发实战》"
        }
    ]
}


if __name__ == '__main__':
    # pytest.main(["-s", "14_Test.py"])
    import uvicorn

    uvicorn.run("14_Test:app", host="127.0.0.1", port=8735, reload=True)
```

安装之后重新运行，访问 http://127.0.0.1:8735/v1/index 接口，单元测试如图 7.1 所示。

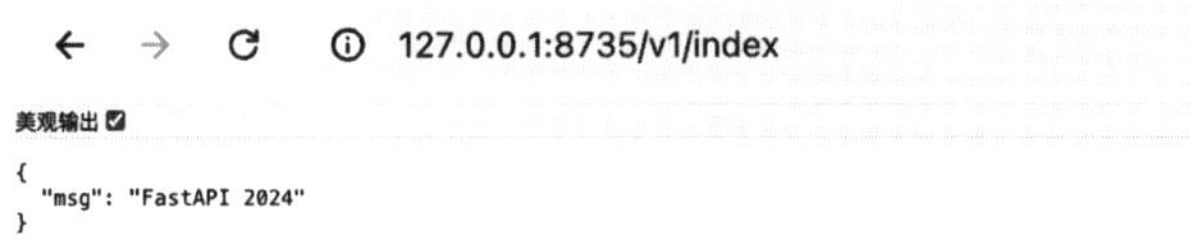

图 7.1　单元测试示例

7.2　熔断

　　熔断是微服务架构中的一种重要保护机制，旨在避免系统中的服务在出现故障时雪崩式崩溃。熔断器模式的工作原理类似于电路中的断路器，当某个服务发生故障时，熔断器会切断对该服务的调用，从而保护系统整体的稳定性。

　　熔断类似于过载保护。在客户端和服务端的架构中，客户端即用户端（如微信用户），服务端则是响应用户请求的后端系统。例如，当你在朋友圈发布信息时，服务端会处理你的请求并提供服务。

　　熔断机制是客户端在面对服务端可能的宕机或超时时采用的策略，防止客户端不断尝试执行可能失败的操作，避免引发系统"雪崩"或大量超时导致的系统卡死。这种机制也被称为"过载保护"。当连续多次请求失败后，熔断器会触发，暂时停止发送请求，牺牲部分服务以保护整个系统的稳定运行。

　　服务端发生错误后，缓存中的记录数加 1，当达到某个值后就熔断，在指定的时间内，请求过来后不让进入真正的请求，而是直接返回错误信息，时间过期后记录数归零，可以正常请求。这类处理方案在很多抢票等高并发场景下会用得比较多。你去刷新了，却抢不到，实际上也是被熔断了，有的会在前端请求的时候就直接拦截了。

　　熔断器通常有三种状态，即关闭、打开和半开。

　　在正常情况下，熔断器处于关闭状态，所有请求都可以正常通过。

　　当服务失败率超过设定阈值时，熔断器进入"打开"状态，所有请求都会被直接拒绝或返回预设的降级响应。此状态的存在是为了防止不断重试对故障服务造成更大的压力。

　　经过一段时间后，熔断器会进入"半开"状态，允许部分请求通过。如果这些请求成功，熔断器会重新回到"关闭"状态；如果仍然失败，熔断器会重新"打开"。

　　熔断器通常用于微服务架构中，通过限制对某些不可靠服务的调用，保护系统的整体健康。例如，Netflix 的 Hystrix 是一个经典的熔断器库，而在 Python 中，pybreaker 是一个常用的熔断器实现。一个简单的熔断器示例如下。

```python
import pybreaker
# 创建一个熔断器
circuit_breaker = pybreaker.CircuitBreaker(fail_max=3, reset_timeout=10)
@circuit_breaker
def unreliable_service_call():
    # 调用可能失败的服务
    pass
```

在上述代码中，如果 unreliable_service_call 连续失败 3 次，熔断器会进入"打开"状态，10 秒后尝试重置为"半开"状态。

熔断器通常与降级策略配合使用。在熔断器打开时，可以返回一个默认的降级响应，而不是让系统崩溃或卡顿，例如下列代码。

```python
@circuit_breaker
def unreliable_service_call():
    try:
        # 调用服务
        pass
    except pybreaker.CircuitBreakerError:
        # 服务不可用时返回降级数据
        return {"status": "service unavailable"}
```

测试确保代码的正确性，而熔断保护系统在遇到故障时的稳定性。两者可以在微服务架构中协同工作：在进行集成测试或性能测试时，可以模拟服务故障，验证熔断器的行为是否正确。通过编写单元测试和集成测试，确保熔断器的阈值、状态转换和降级策略按预期工作。

测试关注代码的正确性，通过单元测试、集成测试、性能测试等手段确保系统在各种情况下的功能正常。

熔断是保护系统稳定性的机制，特别在分布式架构中，防止单点故障引发系统级的连锁反应。通过合理配置熔断器，可以增强系统在面对故障时的健壮性。

两者结合，能够确保系统既具有高质量代码，又能在不稳定环境下保持良好的健壮性。

7.3　WebSocket

WebSocket 是一种在 Web 应用中进行实时通信的协议，它提供了在客户端和服务器之间建立全双工通信的能力。相比传统的 HTTP 请求-响应模型，WebSocket 可以在连接建立后保持打开状态，允许数据的双向实时传输。这使得 WebSocket 成为实现实时聊天、游戏、实时通知等场景的理想选择。

在典型的 Web 开发中，HTTP 协议通常使用请求-响应模型，客户端发送请求，服务器返回响应。然而，WebSocket 不同，它在连接建立后允许数据的实时双向传输，而无须每次请求都重新建立连接。这种特性使得 WebSocket 非常适合需要频繁数据交互的应用，比如实时聊天、在线协作工具等。

7.3.1　WebSocket 的基础实现

在实际项目（比如聊天室项目）中，会通过前端框架使用 WebSocket 和后端进行通信，那么我们就来看看 FastAPI 是如何操作 WebSocket 的。FastAPI 提供了对 WebSocket 的原生支持，允许开发者快速创建实时通信服务。以下是一个简单的例子，展示如何使用 WebSocket 实现一个基本的聊天室功能。在示例代码中，前端通过 WebSocket 与服务器建立连接。服务器接收并处理客户端发送的消息，再将处理后的消息广播回客户端。

Fast API 小密圈的示例代码如下。

```
# 进行安装或者升级即可
"""
pdm add websockets
"""
```

```python
from fastapi import WebSocket, FastAPI
from fastapi.responses import HTMLResponse

app = FastAPI()

html = """
<!DOCTYPE html>
<html>
    <head>
        <title>web 聊天室</title>
    </head>
    <body>
        <h1>FastAPI 小密圈</h1>
        <p> 2024 by Jack </p>
        <form action="" onsubmit="sendMessage(event)">
            <input type="text" id="messageText" autocomplete="off"/>
            <button>Send</button>
        </form>
        <ul id='messages'>
        </ul>
        <script>
            // 加载页面，自动创建一个 WebSocket 连接
            var ws = new WebSocket("ws://127.0.0.1:8735/ws");

            // 收到消息
            ws.onmessage = function(event) {
                // 获取输入框的值
                var messages = document.getElementById('messages')
                // 创建一个 li 元素
                var message = document.createElement('li')
                // 接收 event 的 data
                var content = document.createTextNode(event.data)
                message.appendChild(content)
```

```
                messages.appendChild(message)
            };

            // 发送消息方法
            function sendMessage(event) {
                var input = document.getElementById("messageText")
                ws.send(input.value)
                input.value = ''
                event.preventDefault()
            }
        </script>
    </body>
</html>
"""


# 返回一段 HTML 代码给前端
@app.get("/websocket", summary='聊天返回 html')
async def get():
    return HTMLResponse(html)


@app.websocket("/ws")
async def websocket_endpoint(websocket: WebSocket):
    # 1、ws 连接
    await websocket.accept()
    while True:
        # 2、接收客户端发送的内容
        data = await websocket.receive_text()

        # 3、服务端发送内容
        await websocket.send_text(f" Jack 收到的消息是：{data}")


if __name__ == '__main__':
    import uvicorn
```

```
uvicorn.run("15_Websocket:app", host="127.0.0.1", port=8735, reload=True)
```

上面代码运行之后的效果如图 7.2 所示，表示连接成功。

```
INFO:     Application startup complete.
INFO:     127.0.0.1:55190 - "GET /docs HTTP/1.1" 200 OK
INFO:     127.0.0.1:55190 - "GET /openapi.json HTTP/1.1" 200 OK
INFO:     127.0.0.1:55191 - "GET /websocket HTTP/1.1" 200 OK
INFO:     ('127.0.0.1', 55201) - "WebSocket /ws" [accepted]
INFO:     connection open
```

图 7.2　WebSocket 连接信息

访问 http://127.0.0.1:8735/websocket，每发一条消息，均会在这个列表中显示出来,如图 7.3 所示。可以在其他地方使用 WebSocket。

← → C ⓘ 127.0.0.1:8735/websocket

FastAPI 小密圈

2024 by Jack

[_____] Send

- Jack 收到的消息是: 你好啊
- Jack 收到的消息是: fastapi 很强大

图 7.3　消息展示

在实际应用中，WebSocket 连接可能会因为网络波动、客户端断开等原因而中断。FastAPI 提供了异常处理机制，帮助开发者应对 WebSocket 断开连接的情况。常见的异常如 WebSocketDisconnect 可以被捕获，并且在捕获到异常时，可以执行一些清理操作（如移除断开连接的客户端）。

```python
from fastapi import FastAPI, WebSocket, WebSocketDisconnect
class ConnectionManager:
    def __init__(self):
        self.active_connections: List[WebSocket] = []

    async def connect(self, websocket: WebSocket):
        await websocket.accept()
```

```
        self.active_connections.append(websocket)

    def disconnect(self, websocket: WebSocket):
        self.active_connections.remove(websocket)

    async def send_personal_message(self, message: str, websocket: WebSocket):
        await websocket.send_text(message)

    async def broadcast(self, message: str):
        for connection in self.active_connections:
            await connection.send_text(message)
manager = ConnectionManager()


@app.websocket("/ws")
async def websocket_endpoint(websocket: WebSocket):
    await manager.connect(websocket)
    try:
        while True:
            data = await websocket.receive_text()
            await manager.send_personal_message(f"You wrote: {data}", websocket)
            await manager.broadcast(f"Client #{client_id} says: {data}")
    except WebSocketDisconnect:
        manager.disconnect(websocket)
        await manager.broadcast(f"Client #{client_id} left the chat")
```

7.3.2　实际项目中的应用

在实际项目中，WebSocket 可以应用于许多场景。

● **实时聊天系统**：如客服聊天、用户间的实时对话等。

● **实时通知**：如系统事件的推送、订单状态更新等。

● **实时协作工具**：多人同时在线编辑文档或画板。

使用 FastAPI 实现 WebSocket 这种方式既轻量又高效，特别适合小型项目或需要快速开发的原型产品。

通过 FastAPI，可以轻松实现基于 WebSocket 的实时通信服务。在这个过程中，了解如何管理连接、处理异常和进行消息的广播是开发 WebSocket 应用的核心。虽然在现代前端框架中，WebSocket 通常与复杂的前端框架（如 React、Vue）结合使用，但掌握 FastAPI 的 WebSocket 基础实现对于理解整个通信流程至关重要。

第 8 章
数据库

8.1 ORM 框架

在 FastAPI 中，对象关系映射（object-relational mapping，ORM）框架用于简化与数据库的交互。ORM 提供了一种将数据库表与 Python 类进行映射的方法，使得开发者可以通过操作对象来与数据库进行交互，而不需要直接编写 SQL 语句。FastAPI 支持多种 ORM 框架，其中最常用的是 SQLAlchemy 和 Tortoise ORM。

ORM 是一种编程技术或工具，用于将关系型数据库中的数据和面向对象编程语言中的对象进行映射和转换。ORM 的主要目的是简化数据库操作，使开发人员可以使用面向对象的方式来处理数据，而无须直接编写 SQL 查询语句。

在传统的关系型数据库中，数据是以表格的形式存储，而在面向对象编程中，数据是以对象的形式表示。ORM 技术允许开发人员通过定义对象类来描述数据库表，然后由 ORM 工具自动创建和管理数据库表和对象之间的映射关系。这样，开发人员可以使用对象的方法和属性来进行数据库操作，而无须直接操作 SQL。ORM 处理流程如图 8.1 所示。

ORM 拥有如下优势。

● 简化开发：ORM 可以减少编写和维护 SQL 查询语句的工作量，从而加快开发速度。

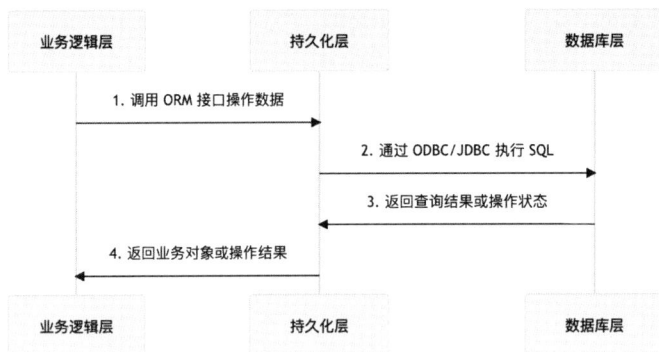

图 8.1　ORM 处理流程

- 提高可维护性：通过将数据库模式与代码分离，可以更轻松地进行数据库结构的更改，而不影响应用程序的其余部分。
- 跨数据库平台：ORM 提供了一种抽象层，使得应用程序可以在不同的数据库系统之间切换，而无须改变大部分代码。
- 面向对象特性：开发人员可以使用面向对象编程的概念，如继承、多态和封装，来处理数据。
- 性能优化：一些 ORM 工具可以自动执行性能优化，例如延迟加载（lazy loading）和批量操作。

常见的 ORM 框架包括 Hibernate（Java）、Entity Framework（.NET）、Django ORM（Python）、SQLAlchemy（Python）等。这些框架允许开发人员在使用关系型数据库时更专注于业务逻辑，而不必过多关心数据库细节。

8.2　SQLAlchemy 与 FastAPI

SQLAlchemy 是 Python 生态系统中最流行的 ORM 框架之一，广泛应用于各种项目中。它提供了功能丰富的 ORM 层，同时也支持直接编写 SQL 查询。FastAPI 与 SQLAlchemy 的集成非常简单，并且推荐使用 SQLAlchemy 和 Pydantic 配合使用来实现数据库操作。首先，安装 SQLAlchemy 及其依赖项，示例代码如下。

```
pip install sqlalchemy
pip install databases
pip install psycopg2-binary  # 如果使用 PostgreSQL
pip install sqlite3          # 如果使用 SQLite (通常不需要额外安装, 内置)
```

SQLAlchemy 是一个流行的 Python SQL 工具包和 ORM 系统。它提供了一个全面的系统，用于将数据库使用的表达式语言翻译为高效的 SQL 代码，并自动将结果转换为易于使用的 Python 对象。SQLAlchemy 支持多种数据库后端，包括 PostgreSQL、MySQL、SQLite 等，使得开发者能够以数据库无关的方式编写应用程序代码。

在构建任何数据库驱动的应用程序时，首先需要明确以下几个关键问题。

首先，我们需要确定应用程序将与哪种类型的数据库进行通信。常见的选择如下。

- SQLite：轻量级的文件型数据库，适合小型项目、原型开发或学习用途。它嵌入在 Python 的标准库中，非常便于使用。
- MySQL：一种流行的开源关系型数据库管理系统，适合中小型到大型项目。它具有高性能和广泛的社区支持。
- PostgreSQL：高级的开源关系型数据库管理系统，支持丰富的数据类型和扩展功能，适合需要复杂查询和数据完整性的项目。

选择哪种数据库取决于项目的需求、规模、性能要求以及团队的熟悉程度。

在 Python 中，DBAPI（数据库应用程序编程接口）是用于数据库通信的标准化接口。SQLAlchemy 使用特定数据库的 DBAPI 来与数据库进行交互。对于不同的数据库，选择合适的 DBAPI 是至关重要的。

- SQLite：在现代 Python 中，SQLite 通常使用内置的 sqlite3 标准库接口。这个接口非常便捷，因为它不需要额外安装第三方驱动。
- MySQL：通常使用 mysqlclient 或 PyMySQL 作为 DBAPI。前者是基于 C 的驱动，性能优越；后者则是纯 Python 实现，安装和配置较为简单。

● PostgreSQL：常用的 DBAPI 是 psycopg2，这是一个非常成熟且高效的驱动，支持高级 PostgreSQL 功能。

在创建 SQLAlchemy 引擎时，如果没有指定 DBAPI，SQLAlchemy 会根据所选数据库自动选择默认的 DBAPI。

8.3　SQLAlchemy 实战

本章讲解如何结合 FastAPI 和 SQLAlchemy 实现一个简单的用户、角色和菜单管理系统。我们将介绍如何定义数据库模型、创建和操作数据库表，并通过 FastAPI 提供 RESTful API 接口来进行 CRUD（创建、读取、更新和删除）操作。

8.3.1　准备工作

首先需要设置与 SQLite 数据库的连接，并定义数据库表模型。我们使用 SQLAlchemy 的 Core 和 ORM 功能，在这里，我们导入所需的库，包括 FastAPI、SQLAlchemy 和 Pydantic。

```
from fastapi import FastAPI, HTTPException, Depends
from pydantic import BaseModel
from sqlalchemy import create_engine, MetaData, Column, Integer, String,
ForeignKey
from sqlalchemy.orm import sessionmaker, declarative_base
```

创建数据库引擎和会话。

```
DATABASE_URL = "sqlite:///./test.db"
# 创建数据库引擎和会话
engine = create_engine(DATABASE_URL, echo=True)
SessionLocal = sessionmaker(autocommit=False, autoflush=False, bind=engine)
```

```
metadata = MetaData()
```

我们定义了数据库连接字符串 DATABASE_URL，并使用 create_engine 创建数据库引擎。SessionLocal 是一个用于创建数据库会话的工厂函数。

定义表模型的示例代码如下。

```python
# 定义表
Base = declarative_base()

class User(Base):
    __tablename__ = 'users'
    id = Column(Integer, primary_key=True, index=True)
    name = Column(String, nullable=False)

class Role(Base):
    __tablename__ = 'roles'
    id = Column(Integer, primary_key=True, index=True)
    name = Column(String, nullable=False)

class Menu(Base):
    __tablename__ = 'menus'
    id = Column(Integer, primary_key=True, index=True)
    name = Column(String, nullable=False)

class UserRole(Base):
    __tablename__ = 'user_roles'
    user_id = Column(Integer, ForeignKey('users.id'), primary_key=True)
    role_id = Column(Integer, ForeignKey('roles.id'), primary_key=True)

class RoleMenu(Base):
    __tablename__ = 'role_menus'
    role_id = Column(Integer, ForeignKey('roles.id'), primary_key=True)
    menu_id = Column(Integer, ForeignKey('menus.id'), primary_key=True)
```

```
# 创建表
Base.metadata.create_all(bind=engine)
```

我们定义了五个表模型，包括 User、Role、Menu、UserRole 和 RoleMenu。每个模型都继承自 Base，并定义了表名和字段。

8.3.2 定义 Pydantic 模型

在 FastAPI 中，Pydantic 模型是用于数据验证和序列化的核心组件。它们不仅帮助我们在处理请求数据时确保数据的正确性和完整性，还自动生成 Swagger/OpenAPI 文档，极大简化了开发和维护过程，为了通过 FastAPI 实现数据验证和序列化，我们需要定义 Pydantic 模型。

Pydantic 模型的作用如下。

- 数据验证：Pydantic 模型通过声明式的方式定义数据结构和字段类型。在接收到请求数据时，FastAPI 会使用 Pydantic 模型自动进行数据验证，并在数据不符合模型要求时返回详细的错误信息。

- 数据序列化与反序列化：Pydantic 模型可以将输入数据（如 JSON）转换为 Python 对象，并且可以将 Python 对象转换为 JSON 或其他格式的响应数据。这种双向转换使得开发更加高效。

- 自动生成文档：Pydantic 模型不仅用于数据验证，还自动为 FastAPI 生成 OpenAPI 文档。每个模型字段的类型、默认值、描述等都会在 API 文档中自动展示，提升 API 的可维护性和可读性。

- 数据转换与处理：Pydantic 模型还提供了数据的自动转换和处理功能。例如，它可以将字符串自动转换为整数、将日期字符串自动解析为 datetime 对象。

每个 Pydantic 模型都必须继承 pydantic.BaseModel 类。只有继承了 BaseModel，FastAPI 才能识别并应用这些模型进行数据验证，示例代码如下。

```
from pydantic import BaseModel


class User(BaseModel):
```

```
   name: str
   age: int
```

Pydantic 模型的字段类型应尽量明确，这有助于确保数据的类型正确性。Pydantic 支持的类型包括常见的 str、int、float、bool 以及复杂类型如 List、Dict、datetime 等，示例代码如下。

```
from typing import List, Optional
from pydantic import BaseModel

class User(BaseModel):
   name: str
   age: int
   email: Optional[str] = None  # 可选字段
   tags: List[str] = []  # 默认值为空列表
```

如果字段没有默认值，Pydantic 会将其视为必填项。如果字段提供了默认值，则在请求中可以省略该字段，示例代码如下。

```
class User(BaseModel):
   name: str  # 必填项
   age: Optional[int] = None  # 可选字段，默认为 None
   is_active: bool = True  # 可选字段，默认为 True
```

Pydantic 提供了一系列的字段验证功能，如最大长度、正则表达式匹配等。可以使用 Pydantic 的 Field 类来定义这些约束。

```
from pydantic import BaseModel, Field

class User(BaseModel):
   name: str = Field(..., min_length=2, max_length=50, description="用户
名，长度为 2 到 50 个字符")
   age: int = Field(..., gt=0, le=120, description="年龄，必须在 0 到 120 之间")
#... 表示该字段为必填项。
# min_length 和 max_length 用于字符串的长度约束。
```

```
# gt 和 le 用于数字类型的范围约束。
```

Pydantic 允许在模型中嵌套其他模型，方便表达复杂的数据结构。

```
class Address(BaseModel):
    street: str
    city: str
    zipcode: str


class User(BaseModel):
    name: str
    age: int
    address: Address  # 嵌套 Address 模型
```

Pydantic 支持在输入数据和模型字段之间设置别名，甚至支持字段类型的自动转换。例如，可以使用 alias 来定义 JSON 中的字段名称与 Pydantic 模型字段名称的映射关系。

```
class User(BaseModel):
    full_name: str = Field(..., alias="fullName")
    age: int
```

当传入 JSON 数据时，可以使用 fullName 作为字段名，而在代码中使用 full_name。

Pydantic 模型支持继承和多态性。可以通过继承实现模型的扩展，复用通用字段。

```
class BaseUser(BaseModel):
    username: str
    email: str


class AdminUser(BaseUser):
    access_level: int
```

8.3.3 创建 FastAPI 应用

初始化 FastAPI 应用的命令如下。

```
# 创建 FastAPI 应用
app = FastAPI()
```

在许多应用中，数据库的会话管理是一个常见的任务。定义一个依赖项 get_db，这是一种简化和规范数据库会话管理的有效方法。这个依赖项在请求开始时创建一个数据库会话，并在请求结束后关闭它。

get_db 通常会负责创建数据库会话并在操作完成后自动关闭或回滚事务。它使用 yield 关键字来提供上下文管理，使得在使用 FastAPI 或其他框架时，可以确保资源得到正确释放，避免内存泄漏或连接不释放的问题。

```
# 依赖项
def get_db():
    db = SessionLocal()
    try:
        yield db
    finally:
        db.close()
```

将数据库会话管理封装为一个依赖项后，任何需要访问数据库的函数都可以通过依赖注入机制使用它。这样可以避免重复编写相同的会话管理逻辑，保持代码简洁。

```
@app.get("/items/")
def read_items(db: Session = Depends(get_db)):
    # 使用 db 进行数据库操作
```

每个请求都会创建一个新的数据库会话，避免了会话之间的相互干扰。这对于并发请求尤为重要，确保了数据的一致性和事务的隔离性。

在 FastAPI 等框架中，依赖项如 get_db 可以自动管理生命周期，并与其他依赖项无缝集成。这种设计模式简化了依赖关系的管理，并且支持灵活地配置和扩展。

在测试中，可以通过替换 get_db 依赖项来使用模拟数据库或预设数据，使得测试更加方便和可靠。测试环境下，可以定义一个不同的 get_db 实现，用于模拟数据库操作或预加载测试数据。

8.3.4 实现用户 CRUD 操作

通过定义 FastAPI 路由来实现用户的 CRUD 操作。Tag 标签的使用并不规范，这里只是为了快速区分使用。在构建基于 FastAPI 的 RESTful API 时，CRUD 操作是后端开发的核心部分。

tags 参数用来为不同的操作打标签，以便快速区分和管理 API。虽然在实际项目中，标签命名应更加直观和规范，但在快速原型开发或演示中，简洁的标签有助于提升开发效率。使用标签能够更好地组织和文档化 API，使得用户在调用或测试 API 时更为方便。

用户操作包括创建用户、读取用户信息、更新用户信息及删除用户。通过定义相应的 API 路由，开发者可以灵活管理系统的用户数据。每个用户操作对应不同的 HTTP 方法。

- **POST**：用于创建新用户。接收用户数据后，将其存储在数据库中，创建成功后返回用户信息。
- **GET**：用于查询指定用户的信息，接收用户 ID 作为路径参数，并从数据库中检索相应的用户记录。如果用户不存在，返回 404 错误。
- **PUT**：用于更新指定用户的信息。首先通过用户 ID 检索记录，若存在则更新，否则返回 404 错误。
- **DELETE**：用于删除指定用户的记录，操作完成后返回删除结果。

这些操作通过依赖注入机制管理数据库会话，确保资源的有效管理，并利用 FastAPI 的异常处理机制确保代码的健壮性，示例代码如下。

```python
# 用户 CRUD 操作
@app.post("/users/", response_model=UserCreate, summary='用户创建', tags='u')
def create_user(user: UserCreate, db: SessionLocal = Depends(get_db)):
    db_user = User(name=user.name)
    db.add(db_user)
    db.commit()
    db.refresh(db_user)
    return db_user

@app.get("/users/{user_id}", response_model=UserCreate, summary='用户查询', tags='u')
```

```
def read_user(user_id: int, db: SessionLocal = Depends(get_db)):
    db_user = db.query(User).filter(User.id == user_id).first()
    if db_user is None:
        raise HTTPException(status_code=404, detail="User not found")
    return db_user


@app.put("/users/{user_id}", response_model=UserCreate, summary='用户更新
', tags='u')
def update_user(user_id: int, user: UserCreate, db: SessionLocal =
Depends(get_db)):
    db_user = db.query(User).filter(User.id == user_id).first()
    if db_user is None:
        raise HTTPException(status_code=404, detail="User not found")
    db_user.name = user.name
    db.commit()
    db.refresh(db_user)
    return db_user


@app.delete("/users/{user_id}", summary='用户删除', tags='u')
def delete_user(user_id: int, db: SessionLocal = Depends(get_db)):
    db_user = db.query(User).filter(User.id == user_id).first()
    if db_user is None:
        raise HTTPException(status_code=404, detail="User not found")
    db.delete(db_user)
    db.commit()
    return {"detail": "User deleted"}
```

　　角色操作与用户操作类似，重点在于角色管理。角色通常用于定义用户在系统中的权限和职责。角色的 CRUD 操作分别处理角色的创建、读取、更新和删除。通过这些操作，可以灵活管理系统中不同角色的数据。

　　与用户操作一样，角色的 CRUD 操作通过 POST、GET、PUT 和 DELETE 方法实现，并利用路径参数或请求体中的数据进行相关处理。通过这种方式，系统可以实现灵活的角

色管理，从而支持更加复杂的权限控制，示例代码如下。

```python
# 角色 CRUD 操作
@app.post("/roles/", response_model=RoleCreate,summary='角色创建',tags='r')
def create_role(role: RoleCreate, db: SessionLocal = Depends(get_db)):
    db_role = Role(name=role.name)
    db.add(db_role)
    db.commit()
    db.refresh(db_role)
    return db_role


@app.get("/roles/{role_id}", response_model=RoleCreate,summary='角色查询
',tags='r')
def read_role(role_id: int, db: SessionLocal = Depends(get_db)):
    db_role = db.query(Role).filter(Role.id == role_id).first()
    if db_role is None:
        raise HTTPException(status_code=404, detail="Role not found")
    return db_role


@app.put("/roles/{role_id}", response_model=RoleCreate,summary='角色更新
',tags='r')
def update_role(role_id: int, role: RoleCreate, db: SessionLocal =
Depends(get_db)):
    db_role = db.query(Role).filter(Role.id == role_id).first()
    if db_role is None:
        raise HTTPException(status_code=404, detail="Role not found")
    db_role.name = role.name
    db.commit()
    db.refresh(db_role)
    return db_role


@app.delete("/roles/{role_id}",summary='角色删除',tags='r')
def delete_role(role_id: int, db: SessionLocal = Depends(get_db)):
```

```
db_role = db.query(Role).filter(Role.id == role_id).first()
if db_role is None:
    raise HTTPException(status_code=404, detail="Role not found")
db.delete(db_role)
db.commit()
return {"detail": "Role deleted"}
```

菜单通常用于定义系统中不同的功能模块或页面入口，菜单管理与用户和角色操作类似。开发者可以通过 API 路由管理菜单项的创建、读取、更新和删除。这种设计通常用于权限管理系统，结合角色和用户，确保不同用户拥有合适的访问权限。

与前述操作类似，菜单的 CRUD 操作也通过 FastAPI 的依赖注入机制和数据库会话管理，实现对菜单项的操作，示例代码如下。

```
# 菜单 CRUD 操作
@app.post("/menus/", response_model=MenuCreate,summary='菜单创建',tags='m')
def create_menu(menu: MenuCreate, db: SessionLocal = Depends(get_db)):
    db_menu = Menu(name=menu.name)
    db.add(db_menu)
    db.commit()
    db.refresh(db_menu)
    return db_menu


@app.get("/menus/{menu_id}", response_model=MenuCreate,summary='菜单查询',tags='m')
def read_menu(menu_id: int, db: SessionLocal = Depends(get_db)):
    db_menu = db.query(Menu).filter(Menu.id == menu_id).first()
    if db_menu is None:
        raise HTTPException(status_code=404, detail="Menu not found")
    return db_menu


@app.put("/menus/{menu_id}", response_model=MenuCreate,summary='菜单更新',tags='m')
```

```
def  update_menu(menu_id:  int,  menu:  MenuCreate,  db:  SessionLocal  =
Depends(get_db)):
    db_menu = db.query(Menu).filter(Menu.id == menu_id).first()
    if db_menu is None:
        raise HTTPException(status_code=404, detail="Menu not found")
    db_menu.name = menu.name
    db.commit()
    db.refresh(db_menu)
    return db_menu

@app.delete("/menus/{menu_id}",summary='菜单删除',tags='m')
def delete_menu(menu_id: int, db: SessionLocal = Depends(get_db)):
    db_menu = db.query(Menu).filter(Menu.id == menu_id).first()
    if db_menu is None:
        raise HTTPException(status_code=404, detail="Menu not found")
    db.delete(db_menu)
    db.commit()
    return {"detail": "Menu deleted"}
```

在实际应用中，用户与角色之间通常存在多对多的关系。为了解决这个问题，系统通常使用中间表或关联表存储用户与角色的关联关系。通过定义专门的 API 路由，开发者可以管理用户与角色之间的关联。

- **创建关联**：接收用户 ID 和角色 ID，将其存储在用户角色关联表中。
- **读取关联**：检索所有用户角色关联记录，或根据条件查询特定的关联信息。
- **更新关联**：更新现有的用户角色关联数据，如修改用户所对应的角色。
- **删除关联**：删除指定用户与角色之间的关联。

这种设计能够灵活处理用户和角色之间的多对多关系，为权限管理提供强大的支持，示例代码如下。

```
# 用户角色关联 CRUD 操作
@app.post("/user_roles/", response_model=UserRoleCreate, summary='用户角色
关联-创建')
```

```python
def create_user_role(user_role: UserRoleCreate, db: SessionLocal =
Depends(get_db)):
    db_user_role = UserRole(user_id=user_role.user_id, role_id=user_
role.role_id)
    db.add(db_user_role)
    db.commit()
    return user_role


@app.get("/user_roles/", response_model=list[UserRoleCreate], summary='用
户角色关联-查询')
def read_user_roles(db: SessionLocal = Depends(get_db)):
    db_user_roles = db.query(UserRole).all()
    return db_user_roles


@app.put("/user_roles/", response_model=UserRoleCreate, summary='用户角色
关联-更新')
def update_user_role(user_role: UserRoleCreate, db: SessionLocal =
Depends(get_db)):
    db_user_role = db.query(UserRole).filter(UserRole.user_id == user_role.
user_id).first()
    if db_user_role is None:
        raise HTTPException(status_code=404, detail="UserRole not found")
    db_user_role.role_id = user_role.role_id
    db.commit()
    return user_role


@app.delete("/user_roles/", response_model=UserRoleCreate, summary='用户
角色关联-删除')
def delete_user_role(user_role: UserRoleCreate,
    db: SessionLocal = Depends(get_db)):
    db_user_role = db.query(UserRole).filter(
        UserRole.user_id==user_role.user_id,
        UserRole.role_id== user_role.role_id
```

```
).first()
if db_user_role is None:
    raise HTTPException(status_code=404, detail="UserRole not found")
db.delete(db_user_role)
db.commit()
return user_role
```

角色和菜单之间的多对多关系类似于用户和角色之间的关联。角色菜单关联通常用于定义角色能够访问哪些功能或页面。系统通过角色菜单关联操作实现细粒度的权限控制。

- **创建关联**：接收角色 ID 和菜单 ID，创建关联记录。
- **读取关联**：检索所有角色菜单关联记录，或根据条件查询特定的关联信息。
- **更新关联**：更新现有的角色菜单关联数据，修改角色的访问权限。
- **删除关联**：删除指定角色与菜单之间的关联。

这种设计为系统中的功能访问控制提供了灵活的解决方案，并确保用户能够根据其角色访问相应的功能，示例代码如下。

```
# 角色菜单关联 CRUD 操作
@app.post("/role_menus/", response_model=RoleMenuCreate, summary='角色菜单
关联-创建')
def create_role_menu(role_menu: RoleMenuCreate, db: SessionLocal =
Depends(get_db)):
    db_role_menu = RoleMenu(role_id=role_menu.role_id, menu_id=role_menu.menu_id)
    db.add(db_role_menu)
    db.commit()
    return role_menu


@app.get("/role_menus/", response_model=list[RoleMenuCreate], summary='角
色菜单关联-查询')
def read_role_menus(db: SessionLocal = Depends(get_db)):
    db_role_menus = db.query(RoleMenu).all()
    return db_role_menus


@app.put("/role_menus/", response_model=RoleMenuCreate, summary='角色菜单
关联-更新')
```

```
def update_role_menu(role_menu: RoleMenuCreate, db: SessionLocal = Depends
(get_db)):
    db_role_menu = db.query(RoleMenu).filter(RoleMenu.role_id == role_menu.
role_id).first()
    if db_role_menu is None:
        raise HTTPException(status_code=404, detail="RoleMenu not found")
    db_role_menu.menu_id = role_menu.menu_id
    db.commit()
    return role_menu


@app.delete("/role_menus/", response_model=RoleMenuCreate, summary='角色
菜单关联-删除')
def delete_role_menu(role_menu: RoleMenuCreate, db: SessionLocal = Depends
(get_db)):
    db_role_menu = db.query(RoleMenu).filter(
        RoleMenu.role_id == role_menu.role_id, RoleMenu.menu_id == role_menu.
menu_id
    ).first()
    if db_role_menu is None:
        raise HTTPException(status_code=404, detail="RoleMenu not found")
    db.delete(db_role_menu)
    db.commit()
    return role_menu
```

通过这种设计，开发者可以轻松地在 FastAPI 中实现用户、角色、菜单及其关联的 CRUD 操作，并为复杂的系统提供灵活的权限管理和访问控制。这种方法结构清晰、易于维护，并能够满足企业级应用的需求。

8.3.5　运行 FastAPI 应用

为了确保项目能够顺利运行并进行 API 测试，可以在脚本末尾添加以下代码来启动 FastAPI 应用。

```
if __name__ == "__main__":
    import uvicorn

    uvicorn.run(
        "12_ORM_CRUD:app", host="127.0.0.1", port=8735, reload=True
    ) # 要启用 FastAPI 应用的自动重载功能或使用多个工作进程，我们需要以导入字符串的形
式传递应用程序名称。这意味着你需要创建一个单独的 Python 脚本来运行 uvicorn 命令，并将
FastAPI 应用作为模块导入。
```

这段代码通过 uvicorn 启动 FastAPI 应用。参数说明如下。

● "12_ORM_CRUD:app"：指定应用程序所在的模块，其中 12_ORM_CRUD 是模块名
（文件名），app 是 FastAPI 实例的名称。

● host="127.0.0.1"：应用将运行在本地回环地址 127.0.0.1。

● port=8735：应用将监听的端口号为 8735。

● reload=True：启用自动重载功能，当检测到代码更改时，应用将自动重启，非常适
合开发环境。

打开浏览器并访问 http://127.0.0.1:8735/docs 即可查看自动生成的 Swagger 文档。这个
页面提供了一个交互式的接口，可以直接测试你的 API。如图 8.2 所示。

在当前实现的基础上，可继续扩展和优化项目如下。

● **添加数据关联验证**：在创建用户与角色关联时，可以增加验证，确保角色在数据库
中存在，否则返回错误。

● **多表查询**：例如，查询某个用户时，返回该用户关联的角色信息。这需要使用
SQLAlchemy 的 join、select 或其他查询方法。

● **优化异常处理**：增加更细粒度的错误处理，使得 API 更具健壮性和用户友好性。

● **添加更多业务逻辑**：例如，角色权限控制、菜单访问限制等。

通过逐步完善和扩展这个案例，可以构建一个更加复杂且贴合实际需求的权限管理
系统。

http://127.0.0.1:8735/docs#

u ∧

| POST | /users/ 用户创建 | ∨ |

| GET | /users/{user_id} 用户查询 | ∨ |

| PUT | /users/{user_id} 用户更新 | ∨ |

| DELETE | /users/{user_id} 用户删除 | ∨ |

r ∧

| POST | /roles/ 角色创建 | ∨ |

| GET | /roles/{role_id} 角色查询 | ∨ |

| PUT | /roles/{role_id} 角色更新 | ∨ |

| DELETE | /roles/{role_id} 角色删除 | ∨ |

m ∧

| POST | /menus/ 菜单创建 | ∨ |

| GET | /menus/{menu_id} 菜单查询 | ∨ |

| PUT | /menus/{menu_id} 菜单更新 | ∨ |

| DELETE | /menus/{menu_id} 菜单删除 | ∨ |

default ∧

| GET | /user_roles/ 用户角色关联-查询 | ∨ |

| PUT | /user_roles/ 用户角色关联-更新 | ∨ |

| POST | /user_roles/ 用户角色关联-创建 | ∨ |

| DELETE | /user_roles/ 用户角色关联-删除 | ∨ |

| GET | /role_menus/ 用户菜单关联-查询 | ∨ |

| PUT | /role_menus/ 用户菜单关联-更新 | ∨ |

| POST | /role_menus/ 用户菜单关联-创建 | ∨ |

| DELETE | /role_menus/ 用户菜单关联-删除 | ∨ |

图 8.2 Swagger 文档示例

157

第二篇 FastAPI 项目实战

本篇将进行 FastAPI 项目实战。项目的目的是构建一个具备基本后端功能的 Web 应用，主要以后端技术为核心。我们将通过实践学习和应用现代 Web 开发的核心概念，包括 API 设计、数据库交互、用户鉴权以及应用部署。通过完成本项目，读者不仅能够掌握如何使用 FastAPI 构建功能完备的后端服务，还能了解到如何将这些服务部署到生产环境中。

第9章
项目概述

本章介绍本次项目实战用到的主要技术栈和开发部署方式。

使用的技术栈如下。

- FastAPI: 一个现代、快速（高性能）的 Web 框架，用于构建 API。FastAPI 支持异步编程，能处理大量并发请求。
- PostgreSQL: 一种功能强大的开源关系数据库系统，适用于处理复杂查询和大量数据。
- SQLAlchemy: SQLAlchemy 是 Python SQL 工具包和对象关系映射器，提供了全面的系统用于数据库 API 操作，将数据库操作抽象化成 Python 对象操作。
- Pydantic: 用于数据解析和验证的库，利用 Python 类型提示，Pydantic 保证了数据字段的正确性和格式。
- OAuth2: 一个授权框架，支持为 Web 应用、桌面应用、手机和智能设备提供特定访问权限。

为了简化开发过程和学习成本，将使用 SQLite 数据库进行开发。SQLite 是一个轻量级的数据库，不需要复杂的配置，非常适合快速开发和测试。

API 文档使用 FastAPI 内置的 Swagger UI，将为所有的 API 端点提供详尽的文档。这不仅有助于开发和测试过程，也使得维护和扩展应用更加容易。

为了确保应用的可移植性和易部署性，将使用 Docker 容器化技术。Docker 能够在任何支持 Docker 的平台上无缝部署应用，从而简化部署过程并减少环境导致的问题。

9.1 开发环境设置

本节介绍项目的开发环境设置，包括安装与依赖设置。

本节将详细介绍如何设置项目的开发环境，包括 Python 和 FastAPI 的安装、虚拟环境的配置、依赖包的管理以及项目的初始化。通过规范的开发环境设置，可以有效减少版本依赖问题，确保项目的可维护性和可扩展性。

安装 Python 和 FastAPI，设置虚拟环境，创建项目后，使用项目包管理工具（PDM）进行项目初始化，安装依赖包（如 uvicorn，SQLAlchemy 等）。

这里主要注意的是 Python 版本的选择，在前面章节中，我们学习了 Pyenv 如何管理多 Python 环境，以及如何使用 pdm 来安装环境依赖等。

为了减少版本依赖的问题，建议大家可以参考以下包和版本号，由于 FastAPI 比较新，在未来或多或少会遇到不同的问题。

```
[project]
name = "apps"
version = "0.1.0"
description = "Default template for PDM package"
authors = [
    {name = "Mr.Feng", email = "a2data@163.com"},
]
dependencies = [
    "fastapi>=0.110.0",
    "uvicorn>=0.29.0",
```

```
    "pydantic>=2.6.4",
    "email-validator>=2.1.1",
    "python-multipart>=0.0.9",
    "python-jose>=3.3.0",
    "cryptography>=42.0.5",
    "passlib>=1.7.4",
    "bcrypt==4.0.1",
    "sqlalchemy>=2.0.29",
    "aiofiles>=23.2.1",
    "jinja2>=3.1.4",
    "pytest>=8.2.1",
    "httpx>=0.27.0",
    "KcangNacos>=1.7",
    "requests>=2.32.2",
    "websockets>=12.0",
    "aiosqlite>=0.20.0",
    "greenlet>=3.0.3",
    "alembic>=1.13.1",
    "asyncio>=3.4.3",
    "spark-ai-python>=0.3.31",
]
requires-python = "==3.12.*"
readme = "README.md"
license = {text = "MIT"}

[project.optional-dependencies]
dev = [
    "setuptools>=69.2.0",
]
[tool.pdm]
distribution = false
```

9.2　项目架构设计

本节主要介绍项目文件结构和分层设计，分层设计包括模型层、服务层和 API 层。

一个良好的文件结构对于项目的长期健康和可维护性至关重要。以下是针对 FastAPI 项目的推荐文件结构。

```
/myproject
|-- app/
|   |-- __init__.py
|   |-- main.py                    # FastAPI 应用入口和路由定义
|   |-- dependencies.py            # 依赖项文件，例如数据库会话管理
|   |-- models/                    # 数据模型定义
|   |   |-- __init__.py
|   |   |-- user.py
|   |   |-- item.py
|   |-- schemas/                   # 输入和输出模型（Pydantic 模型）
|   |   |-- __init__.py
|   |   |-- user.py
|   |   |-- item.py
|   |-- services/                  # 业务逻辑层
|   |   |-- __init__.py
|   |   |-- user_service.py
|   |   |-- item_service.py
|   |-- api/                       # API 层，定义路由和依赖
|   |   |-- __init__.py
|   |   |-- user_api.py
|   |   |-- item_api.py
|-- tests/
|   |-- __init__.py
```

```
|    |-- test_main.py
|    |-- test_database.py
|-- docker-compose.yml      # Docker 配置文件
|-- Dockerfile              # Docker 构建文件
|-- requirements.txt        # 项目依赖文件
```

分层设计有助于分离关注点，简化代码管理，并增强应用可扩展性。

在一个典型的项目架构中，核心模块（core）通常是整个应用的基础部分，负责处理项目中的关键功能和应用逻辑。这个模块包含了一些核心的代码，如数据库封装、工具类（utils）、配置管理等。这些内容为应用的其他部分提供基础服务，保证代码结构的清晰和可维护性。

工具类包含了一些与业务逻辑无关的通用功能，这些功能通常在多个地方被复用。工具类的存在有助于减少重复代码，并让代码更加简洁、可维护。常见的工具类功能如下。

● 字符串处理：如格式化、正则匹配、字符转换等。

● 日期与时间处理：如时间戳转换、格式化日期、时区处理等。

● 文件操作：如文件读写、路径处理、临时文件管理等。

● 加密与解密：如密码哈希、数据签名、JWT 生成与验证等。

● 请求封装与处理：如发送 HTTP 请求的封装，处理外部 API 调用，解析请求响应等。

我们将创建一个位于 api/db 路径下的数据库操作工具类，主要采用上下文管理器和异步数据库连接来执行事务操作。这个类旨在简化封装，便于新手学习和参考。整个项目将使用 SQLAlchemy 2.0 进行数据库操作。AsyncBaseOrmModel 使用最新的声明式基本映射类，基于 2.0 版本的 DeclarativeBase 创建，为后续模型定义统一的 ID 标准和自动生成字段，如 created_at（创建时间）和 updated_at（更新时间）。这些字段用于记录数据的创建和最后更新时间，而非主键。

数据库封装是项目核心模块的重要组成部分，它关乎代码的可维护性和可扩展性。以下是数据库封装的关键点。

● 数据库配置与连接管理：通过统一的配置文件管理数据库连接信息，通常结合 ORM（如 SQLAlchemy）和配置文件（如.env 文件）来实现。

- 数据库会话管理：封装数据库会话，确保每次操作后连接能正确关闭，避免资源泄漏。例如，可以创建 get_db() 方法作为依赖项，在 FastAPI 中自动管理数据库会话的生命周期。
- 模型与 CRUD 操作：在数据库封装中，还包括模型定义和基础的 CRUD 操作。将常见的数据库操作（查询、插入、更新、删除）封装为通用函数，以减少重复代码并提高开发效率。

分层设计的三个层次如下。

- 模型层（model）

  职责：定义数据库模型和架构，反映数据的存储结构。

  技术：使用 SQLAlchemy ORM 来定义模型，这些模型映射数据库中的表。

- 服务层（service）

  职责：包含应用的业务逻辑，处理数据的 CRUD 操作，确保业务规则的实施。

  技术：纯 Python 代码，可能调用模型层来访问数据库。

- API 层（API）

  职责：处理 API 请求和响应，作为用户界面和服务层之间的桥梁。

  技术：使用 FastAPI 路由处理功能，依赖注入系统和 Pydantic 模型来验证输入数据和格式化输出数据。

这种结构不仅能够提高代码的可读性和可维护性，还可以简化单元测试和模拟各层之间的交互。通过明确每层的职责，团队成员可以更容易地并行工作，在不影响其他部分的情况下，独立地开发和测试各自的代码。

9.3 数据库模型设计

本节将详细介绍如何使用 SQLAlchemy 设计数据库模型。SQLAlchemy 是 Python 编程语言下的一个强大的数据库工具包，它包括 SQL 工具包和对象关系映射（ORM）功能。它提供了一个高层的 ORM 和低层的 SQL 表达式语言功能。通过使用 SQLAlchemy，可以将数据库表定义为 Python 类，这些类可以映射到数据库中的表，使得数据库操作更加直观和安全。

9.3.1　用户模型（User）

在现代应用中，用户管理是必不可少的功能之一。用户模型（User model）是一个用来存储和管理用户信息的数据结构，通常用于记录用户的身份、登录凭证、权限状态等信息。本节将详细介绍如何设计一个用户模型，并解释各个字段的作用。

一个典型的用户模型不仅仅是存储用户的基本信息，如用户名和邮箱，还需要包括用户密码、账户状态、权限等级等其他关键数据。以下是一个标准用户模型中常见的字段。

- **id**：唯一标识符，通常是整数类型的主键（primary key）。
- **username**：用户名，常用作用户登录凭证之一。
- **email**：用户的电子邮件地址，用于账户验证和通知。
- **hashed_password**：用户密码的哈希值。出于安全考虑，绝不能存储明文密码，而是将密码经过哈希算法加密后再存储。
- **is_active**：布尔值，指示用户账户是否激活。如果用户账户禁用，可通过该字段标记。
- **is_admin**：布尔值，指示用户是否是超级管理员，用于区分普通用户与管理用户。
- **roles**：用户的角色集合，表明用户拥有的权限。
- **todos**：用户的待办事项列表，展示用户与其待办任务的关系。

在下面的代码中，我们通过 SQLAlchemy 来实现一个用户模型。代码使用了 SQLAlchemy ORM（对象关系映射），通过类和关系的映射来操作数据库。让我们逐一解析代码中的设计思路。

```
#!/usr/bin/env python3
# -*-coding:utf-8 -*
"""
--------------------------------------------------
```

```python
# @File :user_model
--------------------------------------------------
"""

from datetime import datetime
from sqlalchemy import func, Integer, DateTime, String, ForeignKey, Boolean
from fast_dev.src.apps.api.models.model_keys import user_roles
from fast_dev.src.apps.db.database import AsyncBaseOrmModel
from sqlalchemy.orm import relationship, Mapped, mapped_column


class User(AsyncBaseOrmModel):
    __tablename__ = "users"
    __table_args__ = {"comment": "用户表"}

    # id: Mapped[int] = mapped_column(primary_key=True, comment="主键ID")
    name: Mapped[str] = mapped_column(String(255), index=True, comment="
用户名")
    email: Mapped[str | None] = mapped_column(comment="邮箱")
    hashed_password: Mapped[str] = mapped_column(comment="密码")
    is_active: Mapped[bool] = mapped_column(default=True, comment="是否可用")
    # 增加 todo 列表
    is_admin: Mapped[bool] = mapped_column(Boolean, default=False, comment="
是否超级管理员")

    # 定义角色和待办事项的关系-双向关系
    roles = relationship("Role", secondary=user_roles, back_populates="users")

    todos: Mapped[list["Todo"]] = relationship("Todo", back_populates="owner",
lazy="selectin")

    # 在 SQLAlchemy 中，可以使用 __repr__ 方法来定义对象的字符串表示，从而使打印对象
时结果更具可读性。此外，还可以使用 Python 的 print 函数直接打印对象的属性。
    # 在模型类中定义 __repr__ 方法，以便在打印对象时显示其详细信息。
```

```
    def __repr__(self):
        return f"<User(id={self.id}, email={self.email}, is_active={self.is_
active})>"
```

tablename 指定了数据库中对应的表名为 users，这是一种方便查询和调试的命名约定。table_args 中添加了注释 comment，表示此表存储用户数据。在数据库管理工具中，这一注释可以帮助理解表的用途。

每个字段使用 Mapped 和 mapped_column 进行定义。name 字段使用 String(255)，表示用户名最长为 255 个字符，并通过 index=True 设置为索引字段，这样在查询时效率更高。email 字段是可选的（使用 None），这样在某些场景下用户可以不提供邮箱。hashed_password 用于存储经过加密的密码，确保即使数据库被入侵，攻击者也无法获取明文密码。is_active 和 is_admin 是布尔值字段，分别用于标记用户是否可用和是否拥有管理员权限。

用户与角色的关系是通过 relationship 定义的。使用 secondary=user_roles 指定中间表来处理多对多关系，back_populates="users" 表示反向关联到 Role 模型。这种设计便于灵活管理用户的不同权限。

通过 todos: Mapped[list["Todo"]]，定义了用户与 Todo 模型的一对多关系。lazy="selectin" 的使用优化了查询性能，在访问待办事项时会减少不必要的查询次数。

repr 是一个常见的 Python 方法，用于定义对象的字符串表示。在调试时，打印用户对象时会显示用户的 ID、邮箱和激活状态，方便快速查看对象详情。

在设计用户模型时，安全性和扩展性是重要的考量因素。出于安全原因，模型设计中绝不会存储明文密码，而是将密码加密后存储。此外，通过 roles 和 is_admin 等字段实现了灵活的权限管理，便于后续扩展应用的功能。

9.3.2　模型解析顺序

使用 SQLAlchemy 建模数据时，模型之间的关联关系是关键部分之一。然而，在建立复杂的关系模型时，开发者往往会遇到模型解析顺序的问题。这里将详细探讨这一问题，并介绍如何通过合理的模型定义顺序、字符串形式引用关系和模块导入顺序来避免常见错误。

SQLAlchemy 在解析模型关系时，通常会按照模型被定义的顺序进行解析。特别是在设置外键或一对多、多对多等关系时，SQLAlchemy 需要知道被引用的模型是否已经定义。如果在引用关系时，目标模型尚未定义，SQLAlchemy 将无法找到该类，从而抛出错误。

这种情况在开发大型项目或进行模块化设计时尤为常见。例如，当模型分散在不同的模块或文件中时，定义顺序就变得至关重要。因此，理解和管理模型解析顺序是避免此类问题的关键。

例如，Author 类中引用了 Book，而 Book 类中也引用了 Author。如果两个类的定义顺序不当，就可能导致关系解析失败，示例代码如下。

```python
class Author(Base):
    __tablename__ = 'authors'
    id = Column(Integer, primary_key=True)
    books = relationship("Book", back_populates="author")

class Book(Base):
    __tablename__ = 'books'
    id = Column(Integer, primary_key=True)
    author_id = Column(Integer, ForeignKey('authors.id'))
    author = relationship("Author", back_populates="books")
```

在上述代码中，Author 类的 books 属性引用了"Book"作为字符串，而非直接引用类名 Book。这使得 SQLAlchemy 可以在所有模型定义完成后，正确解析这些关系。

在实际开发中，尤其是大型项目中，模型往往会被拆分到不同的模块或文件中。此时，除了合理的模型定义顺序和字符串形式的引用外，确保正确的模块导入顺序也是至关重要的。

当模型被分散在多个模块中时，必须确保在使用模型之前，这些模型已经被导入。例如，如果在 module_a.py 中定义了 Author，而在 module_b.py 中定义了 Book，则在使用时应确保按正确顺序导入下列模块。

```python
# main.py

from module_a import Author
```

```
from module_b import Book

# 之后才能使用 Author 和 Book 进行操作
```

有时，不同模块中的模型之间可能会相互引用，从而产生循环引用问题。为解决这一问题，可以在导入时使用局部导入或延迟导入的技巧，示例代码如下。

```
# module_a.py

from sqlalchemy.orm import relationship
from sqlalchemy import Column, Integer

class Author(Base):
    __tablename__ = 'authors'
    id = Column(Integer, primary_key=True)


    def __init__(self):
        # 局部导入以避免循环引用
        from module_b import Book
        self.books = relationship("Book", back_populates="author")
```

这种方式可以在需要时再导入依赖模块，避免循环引用问题。

确保在同一个文件中按顺序定义所有模型，并使用字符串形式引用关系。模型解析顺序问题是：SQLAlchemy 在解析模型关系时，按照模型被定义的顺序来解析；如果在定义关系时引用了尚未定义的类，会导致 SQLAlchemy 找不到该类，从而抛出错误。解决此问题时，主要考虑以下几点。

- 字符串形式引用关系：为解决这种问题，可使用字符串形式的类名来引用关系。这种方式使 SQLAlchemy 在解析关系时，可以延迟解析类名，确保所有类都正确解析。
- 模块导入顺序：确保在使用模型时，模型已经被正确导入。这意味着如果模型分散在多个文件中，需要确保在使用模型之前正确导入所有模型。
- 解决方案：将所有模型定义在一个文件中，并使用字符串形式的类名引用关系。
- 模型定义：确保在同一个文件中按顺序定义所有模型，并使用字符串形式引用关系。

9.3.3　角色模型（Role）

在一个权限管理系统中，角色（Role）模型用于定义用户的权限级别。不同的角色对应不同的权限，比如管理员可以管理整个系统，而普通用户则只能访问和操作特定的资源。通过角色模型，我们可以将权限分配给不同用户，从而实现精细化的权限控制。

角色模型是权限管理系统的基石，它包含了角色的基本信息，以及角色与用户和权限之间的关联。一个典型的角色模型通常包括以下字段。

- **id**：唯一标识符。每个角色都有一个唯一的 ID，用于在数据库中识别该角色。
- **name**：角色名称。比如"管理员""普通用户"等，用于描述角色的功能或权限范围。
- **description**：角色的描述。详细说明该角色的用途或权限范围，帮助管理员理解该角色的功能。
- **is_active**：布尔值，表示该角色是否处于激活状态。如果一个角色被禁用，则与该角色关联的权限将不会生效。

在设计角色模型时，主要考虑以下几个方面。

- **角色的唯一性和标识性**：每个角色在系统中都有独立且唯一的标识，这由 id 字段实现。name 字段也应是独特的，以确保不同角色不会混淆。
- **角色的状态管理**：通过 is_active 字段，可以灵活管理角色的状态。比如，当某个角色的权限需要临时关闭时，只需将该字段设置为 False 即可。这种设计在大规模系统中尤为重要，能够快速调整权限策略。
- **角色与用户的关系**：角色与用户之间通常是多对多的关系。即一个用户可以有多个角色，一个角色也可以分配给多个用户。例如，一个用户可能既是"普通用户"又是"内容管理员"。这种关系通过中间表（例如 user_roles）进行管理。
- **角色与权限的关联**：角色的本质在于它定义了用户在系统中能做什么、不能做什么。这一功能通过与权限模型的关联来实现。角色与权限之间也是多对多的关系，类似于角色与用户的关系。这意味着一个角色可以拥有多个权限，一个权限也可以分配给多个角色。

角色模型设计的示例代码如下。

```
#!/usr/bin/env python3
# -*-coding:utf-8 -*
"""
------------------------------------------------
# @File :role_model
------------------------------------------------
"""

from fast_dev.src.apps.db.database import AsyncBaseOrmModel
from fast_dev.src.apps.api.models.model_keys import user_roles, role_permissions
from sqlalchemy.orm import relationship, Mapped, mapped_column
from sqlalchemy import String
class Role(AsyncBaseOrmModel):
    __tablename__ = "roles"
    __table_args__ = {"comment": "角色表"}
    # id: Mapped[int] = mapped_column(primary_key=True, comment="主键ID")
    name: Mapped[str] = mapped_column(String(255), index=True, comment="
角色名称")
    role_key: Mapped[str] = mapped_column(String(11), comment="标识")
    is_active: Mapped[bool] = mapped_column(default=True, comment="是否可用")
    # 双向关系
    users = relationship("User", secondary=user_roles, back_populates="roles")
    permissions = relationship("Permission", secondary=role_permissions,
back_populates="roles")
```

在实际应用中，角色管理通常包含以下操作。

● **创建角色**：管理员可以创建新角色，例如为新部门或项目组设置特定权限。创建时需要确保角色的名称和标识符唯一，以避免冲突。

● **读取角色信息**：系统需要提供接口来获取角色信息，比如查看某个角色的详细信息或列出所有角色。这对于管理和分配权限至关重要。

● **更新角色**：当业务需求发生变化时，角色的权限可能需要调整。通过更新角色，可以改变其状态、描述或关联的权限。

- **删除角色**：当某个角色不再需要时，可以将其从系统中删除。不过，删除角色时需谨慎，特别是当角色与多个用户或权限关联时。系统应在删除前提示管理员处理相关依赖关系，或者提供强制删除选项。

以下是执行角色管理操作的具体方式。

- **创建**：create_role 方法创建一个新的角色实例，将其添加到会话中，并提交事务。
- **读取**：get_role_by_id 和 get_all_roles 使用 select 语句从数据库检索角色。get_role_by_id 通过角色 ID 获取单个角色，而 get_all_roles 获取所有角色。
- **更新**：update_role 方法根据提供的关键字参数更新现有角色的字段并提交更改。
- **删除**：delete_role 方法通过角色 ID 从数据库中删除角色并提交事务。

在实际开发中，所有与角色相关的操作通常通过 API 路由进行统一管理。这样设计的好处是，所有角色操作都集中在一个位置，便于扩展和维护。当系统需要增加新功能或修改现有逻辑时，开发者只需在一个地方进行调整，减少了重复代码和潜在的维护风险。例如，角色路由可以包含以下几个主要端点。

- **/create**：创建新角色
- **/get_all**：获取所有角色列表
- **/put**：更新角色信息
- **/delete**：删除角色

通过这些统一的路由，系统可以灵活、高效地管理角色和权限，示例代码如下。

```
from fastapi import APIRouter

from    fast_dev.src.apps.api.service.role_service    import    create_role,
get_all_roles, delete_role

router = APIRouter()
@router.post('/create', summary='创建角色')
async def create_role_data(
    name: str,
    role_key: str
```

```
):
    return await create_role(name, role_key)

@router.post('/get_all', summary='获取所有角色列表')
async def create_role_data():
    return await get_all_roles()

@router.put('/put', summary='更新角色')
async def update_role_data():
    pass

@router.delete('/{role_id}', summary='删除角色')
async def delete_role_data(role_id: int):
    return await delete_role(role_id)
```

在设计角色模型和服务时，安全性是一个重要的考量。尤其是在权限管理中，误操作或缺乏验证机制可能会导致严重的安全漏洞。例如：在创建或更新角色时，应验证角色名称的唯一性，防止重复角色的出现。在删除角色时，必须检查其关联用户和权限，确保不会因误删导致系统无法正常运作。通过合理的验证和事务管理，可以确保系统的稳定性和安全性。

9.3.4　菜单模型（Menu）

在现代 Web 应用中，菜单（Menu）或路由（Route）模型不仅用于定义导航结构，还决定了用户可以访问的页面和功能。菜单模型设计得当，可以帮助用户清晰地了解应用的结构，并快速找到所需的功能。同时，通过结合角色与权限系统，菜单模型也可以灵活地控制不同用户可以看到的菜单项。

菜单模型通常包含以下几个关键字段。

- **id**：唯一标识符。每个菜单项都有一个唯一的 ID，用于在数据库中进行标识和关联。
- **name**：菜单名称。它是展示给用户的菜单名称，例如"仪表盘""用户管理"等。

- **path**：菜单项链接到的路径。对应应用中的 URL，例如 /dashboard、/users。
- **component**：前端页面组件的路径。通常对应具体的页面文件或组件，用于动态加载相应的内容。
- **redirect**：当访问该菜单项时，是否重定向到其他路径。用于在导航时自动调整用户访问的页面。
- **meta_title**：菜单的元标题。它被显示在浏览器标签或面包屑导航中。
- **meta_icon**：菜单图标。通常用于前端展示，帮助用户快速识别菜单项的功能。
- **role**：访问该菜单的角色权限。结合角色模型，可以灵活控制哪些角色能够访问某个菜单项。
- **is_hidden**：菜单是否隐藏。有些菜单项可能不需要直接显示在导航中，比如某些内部功能或子页面，这时候可以将其隐藏。
- **parent_id**：父菜单项的 ID。用于创建菜单层级结构，帮助构建多级导航栏。
- **children**：子菜单项列表。通过递归关系实现菜单的层次结构。

在复杂的应用中，菜单往往存在多级结构。

- **一级菜单**：主要模块或页面入口，例如"仪表盘""系统设置"。
- **二级菜单**：隶属于某个一级菜单的子页面，例如"用户管理""角色管理"。
- **三级菜单及更多**：如果系统非常复杂，可以进一步分层，比如在"用户管理"下再细分为"用户列表""新增用户"。

通过 parent_id 字段，我们可以为每个菜单项指定一个父菜单项，这样就可以实现树状的菜单结构。结合 children 字段，系统可以方便地通过递归获取菜单树，展示出分层的导航结构。

在实际实现中，菜单模型通过关系映射实现自关联关系。比如，一个菜单项可以有多个子菜单，这通过 SQLAlchemy 的 relationship 和 ForeignKey 实现。在如下代码中，通过 parent_id 关联父菜单，children 字段则存储所有子菜单项，示例代码如下。

```
#!/usr/bin/env python3
# -*-coding:utf-8 -*
"""
```

```
--------------------------------------------------
# @File :route_model
--------------------------------------------------
"""
from sqlalchemy.orm import  Mapped, mapped_column
from sqlalchemy import Column, Integer, String, Boolean, ForeignKey, Table
from sqlalchemy.orm import relationship

from fast_dev.src.apps.db.database import AsyncBaseOrmModel

class Route(AsyncBaseOrmModel):
    __tablename__ = 'routes'

    name: Mapped[str] = mapped_column(String(255), index=True, comment="
菜单名称")
    path: Mapped[str] = mapped_column(String(255), index=True, comment="
路径")
    component:  Mapped[str]  =  mapped_column(String(255),  index=True,
comment="组件")
    redirect:  Mapped[str]  =  mapped_column(String(255),  index=True,
comment="组件",nullable=True)
    meta_title: Mapped[str] = mapped_column(String(255),  comment="标题")
    meta_icon: Mapped[str] = mapped_column(String(255),  comment="icon")
    role: Mapped[str] = mapped_column(String(255),  comment="role")
    is_hidden:  Mapped[bool]  =  mapped_column(Boolean,  default=False,
comment="是否隐藏")
    parent_id = Column(Integer, ForeignKey('routes.id'), nullable=True)
children = relationship("Route")
```

通过 parent_id 作为外键，菜单项可以递归引用自身，形成层级结构。children 字段则通过 relationship 建立父子关系。这种设计使得系统可以轻松生成多层菜单。

每个菜单项都有一个 path，它对应应用中的 URL。在前端框架中，菜单项的 path 通常与某个页面组件绑定，通过 component 字段加载具体的页面视图。这种结构使得菜单项不仅可以用作导航，还直接决定了应用的页面展示。

role 字段可以控制哪些角色可以看到某个菜单项。这种设计与角色模型结合，使得系统可以根据不同用户的权限动态调整导航栏展示的内容。例如，只有管理员角色可以看到"系统设置"菜单，而普通用户则无法访问。

有时候，某些菜单项不需要直接显示在导航中，如仅在特定情况下展示的页面。通过 is_hidden 字段，系统可以将这些菜单项从主导航中隐藏，但它们依然可以通过直接访问 URL 或其他内部跳转方式进入。

大型项目中，菜单管理涉及菜单的创建、更新、删除和层级调整。典型操作如下。

- **创建菜单**：管理员可通过后台界面添加新菜单项，指定名称、路径、父菜单等信息。
- **编辑菜单**：可以修改菜单项的路径、组件或其他元信息，以适应需求变化。
- **删除菜单**：删除某个菜单项时，系统需要考虑其子菜单的处理方式，通常是递归删除或重新分配父菜单。
- **调整层级**：菜单项的层级结构可以通过更改 parent_id 实现，灵活调整菜单显示顺序和层次。

在设计菜单模型时，系统应考虑到导航数据的频繁访问和加载速度。通过优化查询方式（如懒加载）、减少不必要的数据库查询，可以提高菜单加载的性能。对于层次结构较深的菜单树，设计时应注意避免重复查询，确保菜单结构在前端能够快速渲染。

此外，菜单模型设计还应具备良好的扩展性，以支持未来添加新的菜单项、调整导航结构或引入多语言支持等需求。

9.3.5 权限模型（Permisson）

在权限管理系统中，权限模型（Permission）是控制角色能执行哪些操作、访问哪些资源的核心。权限模型定义了系统中的具体权限点，并通过角色（Role）进行分配，从而实现细粒度的访问控制。无论是限制用户对某个功能的访问，还是控制用户在特定模块中的操作，权限模型都起到了至关重要的作用。

一个典型的权限模型包含以下主要字段。

● **id**：唯一标识符，用于区分每个权限。

● **name**：权限名称，用于描述具体的权限，例如"查看用户""编辑文章"等。

● **roles**：关联的角色，用于表示哪些角色拥有该权限。通过角色与权限的多对多关系，系统可以灵活地将权限分配给不同角色。

在权限管理中，权限模型是角色与资源之间的桥梁。角色通过权限模型来决定其能做什么、不能做什么。例如，系统管理员可能拥有所有权限，而普通用户则只能查看和修改自己创建的内容。

权限的粒度决定了系统的灵活性和复杂性。设计权限时，可以选择细粒度和粗粒度的结合。例如，某些权限可以具体到某个操作（如"添加用户""删除用户"），而某些权限则可以概括为更大的范围（如"管理用户"）。

角色与权限之间通常是多对多的关系，一个角色可以拥有多个权限，一个权限也可以被多个角色共享。通过关系表（如 role_permissions），系统可以灵活配置角色与权限的映射关系。这种设计使得新增或调整权限变得非常简单。

权限不仅是静态的数据库配置，还与业务逻辑紧密相关。在设计权限模型时，需要考虑如何将权限与具体的业务功能结合。例如，如何控制用户在不同页面或操作中的访问权限，如何根据权限动态调整用户界面等。这些都需要在设计权限模型时预先规划。

在实现权限模型时，核心在于关系映射和权限的灵活管理。以下是一个权限模型的实现示例。

```python
from sqlalchemy import String
from sqlalchemy.orm import relationship, Mapped, mapped_column

from fast_dev.src.apps.db.database import AsyncBaseOrmModel
from fast_dev.src.apps.api.models.model_keys import role_permissions

class Permission(AsyncBaseOrmModel):
    __tablename__ = "permission"
    __table_args__ = {"comment": "权限表"}
```

```
    name: Mapped[str] = mapped_column(String(255), index=True, comment="
权限名称")

    roles=relationship("Role",secondary=role_permissions,
back_populates="permissions")
```

在这个实现中，name 字段用于存储权限名称，并为该字段建立索引以加快查询速度。roles 字段通过 relationship 实现与角色的多对多关联，利用中间表 role_permissions 进行关系映射。

权限管理涉及系统安全的方方面面，设计时需要注意以下几点。

● **最小权限原则**：确保每个角色只拥有其业务需求所需的最低权限。不要因为便利性而给用户分配过多的权限。

● **权限的继承与合并**：复杂的权限系统中，可能存在权限的继承或合并逻辑。如某个高级角色可能继承了多个基础角色的权限，这种情况下，需避免权限冲突和冗余。

● **权限配置的可视化与审计**：在系统后台，可以提供权限配置的可视化界面，方便管理员管理和审查权限配置。对于敏感权限的变更，系统应记录日志，便于后续审计。

9.3.6 待办事项模型（Todo）

待办事项模型的设计围绕任务的管理与跟踪展开。设计的核心目标是简洁、易用，同时具备足够的灵活性以适应不同的应用场景。

标准的待办事项模型通常包含以下字段。

● **id**：唯一标识符。每个待办事项都有一个唯一 ID，用于在数据库中进行标识和操作。

● **title**：待办事项的标题。简单描述待办任务核心内容，如"完成项目报告""参加团队会议"等。

● **description**：待办事项的详细描述。用于记录任务的具体内容或备注，帮助用户更清晰地了解任务的要求。

- **is_completed**：布尔值，标记任务是否已经完成。当用户完成一个任务时，将此字段标记为 True，从而更好地管理任务进度。
- **date**：任务的创建时间或计划完成时间。通常记录任务的生成时间，也可以扩展为记录任务的截止时间。
- **owner_id**：待办事项所属用户 ID。通过外键关联用户，标识该任务属于哪个用户。
- **owner**：与用户模型的关系。通过此关系，待办事项可以轻松关联到具体的用户，形成一对多的关系。

以下是一个待办事项模型的实现示例。

```
class Todo(AsyncBaseOrmModel):
    __tablename__ = "todos"
    __table_args__ = {"comment": "待办事项"}

    id: Mapped[int] = mapped_column(Integer, primary_key=True, index=True,
comment="ID")
    name: Mapped[str] = mapped_column(String(255), index=True, comment="
待办事项")
    description: Mapped[str | None] = mapped_column(String(255), nullable=True,
comment="描述")
    is_completed: Mapped[bool] = mapped_column(Boolean, default=False,
comment="是否完成")
    date: Mapped[datetime] = mapped_column(DateTime, default=func.now(),
comment='日期')
    owner_id: Mapped[int] = mapped_column(Integer, ForeignKey('users.id'),
comment="拥有者 ID")
    owner: Mapped["User"] = relationship("User", back_populates="todos",
lazy="selectin")
```

is_completed 字段通过布尔值跟踪任务的完成状态。当用户完成任务时，该字段从 False 更新为 True。这种设计使得任务的管理非常直观，可以方便地进行未完成任务和已完成任务的筛选和统计。

待办事项与用户之间通常是"一对多"的关系：一个用户可以有多个待办事项。通过 owner_id 字段，待办事项模型与用户模型建立了关联。这种设计不仅便于按用户查询其所有待办任务，还能在任务管理界面上按用户进行任务分类。

虽然任务的标题用于简洁描述核心内容，但有时任务需要更多的上下文和备注信息，这时 description 字段就派上了用场。对于那些复杂的任务，可以通过详细描述让用户更加明确具体的执行要求或注意事项。

date 字段不仅记录任务的创建时间，还可以扩展为计划完成时间或截止日期。这样设计的优势在于用户可以根据时间来管理任务，确保在重要的截止日期前完成关键任务。

在实际应用中，待办事项模型广泛应用于各种场景，帮助用户管理任务、追踪进度并提高工作效率。以下是几个典型的应用场景。

- 在日常工作中，用户可以通过待办事项模型管理个人或团队任务，设置优先级，确保重要任务不会被遗漏。
- 在项目管理工具中，待办事项模型可以进一步扩展，形成复杂的任务层级结构，支持任务的分解与依赖管理。
- 结合日期字段，系统可以实现时间管理和任务提醒功能。用户可以设置任务的到期时间，系统则通过通知提醒用户处理即将到期的任务。

待办事项模型虽然看似简单，但在不同应用中可以扩展出更丰富的功能。

- **任务优先级**：可以增加 priority 字段，帮助用户根据任务的重要性排序，优先处理关键任务。
- **标签与分类**：通过增加 categories 或 tags 字段，用户可以对任务进行分组或打标签，便于任务管理和筛选。
- **任务依赖**：在复杂的项目管理中，任务之间可能存在依赖关系，可以通过关联模型来实现任务的依赖和前置条件。

在实现待办事项模型时，需要兼顾性能与用户体验。特别是在处理大量任务时，如何快速查询、筛选和排序是关键点。例如，可以通过建立索引优化查询速度，在任务筛选或统计时提升响应效率。

同时，在设计用户界面时，应尽量简化操作，减少不必要的输入，让用户能够快速添加、编辑和完成任务。自动保存、批量操作、拖拽排序等功能都可以显著提升用户的体验。

10 chapter

第 10 章
鉴权与安全

在本章中，我们将深入探讨基于 JWT 的用户认证系统、OAuth2 访问控制管理的实现及相关安全性考量。安全性在现代应用开发中至关重要，特别是在处理用户认证、权限管理和数据保护时。

在用户认证系统中，密码的安全性至关重要。我们需要采取多种措施来确保用户密码及其他敏感数据的安全。

在存储用户密码时，不能直接保存明文密码，而应使用强哈希算法进行处理。常见的哈希算法有 bcrypt、scrypt 等，这些算法在生成哈希值的同时也会附加盐值（salt），以增强安全性。

在用户认证系统中，确保数据传输的安全至关重要。所有涉及敏感数据的传输必须使用 TLS（即 HTTPS）。这可以有效防止中间人攻击和数据窃取。

10.1　角色和权限管理

在多用户系统中，角色和权限管理是确保资源安全的重要手段。通常，我们会为不同用户分配不同的角色，每个角色对应特定的权限。通过这种方式，系统可以灵活地控制用户的访问范围。实现方式一般有如下两种。

- **角色-权限模型**：每个角色可以拥有多个权限，而每个用户可以拥有多个角色。系统在处理请求时会检查用户的权限，判断其是否有权执行该操作。
- **动态权限检查**：在一些场景中，我们可能需要动态地调整用户的权限。例如，用户在特定时间段内临时获得某种权限。

在实现权限管理系统的过程中，通常需要设计并实现几个关键模块，包括模式定义（Schema）、服务层逻辑（Service）和路由。每个模块承担不同的职责，协同工作以实现系统的完整功能。下面我们将简要介绍这些模块的作用及其实现方法。

首先实现权限管理与用户认证，使用 JWT 和 FastAPI 框架来提供用户身份验证与权限控制。代码的主要功能包括：用户认证、Token 生成与解析、权限检查、获取用户角色与权限等。以下是各部分的作用概述。

用户密码处理的示例代码如下。

```
pwd_context = CryptContext(schemes=["bcrypt"], deprecated="auto")
```

bcrypt 哈希算法通过 CryptContext 实现密码加密和验证，有效抵御彩虹表攻击和暴力破解。verify_password 函数用于验证用户输入的密码是否与数据库中保存的哈希密码一致。get_password_hash 函数用于在用户注册时将明文密码进行哈希存储。

用户认证与 JWT 生成的示例代码如下。

```
oauth2_scheme = OAuth2PasswordBearer(tokenUrl="auth/token")
```

OAuth2PasswordBearer 是 FastAPI 提供的一个 OAuth2 方案，用于通过 HTTP 请求的

Authorization 头部中的 Bearer Token 进行认证。create_access_token 函数生成 JWT，其中包含用户的身份信息（如邮箱）及 Token 的过期时间。JWT 的生成和解码使用 jose 库来进行。

获取用户信息的示例代码如下。

```
async def get_user_by_email(db: AsyncSession, email: str):
```

该函数从数据库中查找用户信息，并通过 selectinload(User.roles) 来预加载用户的角色，避免懒加载错误。该部分代码解决了 SQLAlchemy 中常见的会话分离问题。

获取当前用户的示例代码如下。

```
async def get_current_user(token: str = Depends(oauth2_scheme), db:
AsyncSession = Depends(get_async_session)):
```

该函数负责通过 Bearer Token 解码 JWT，并根据解析出的用户身份信息（如邮箱）从数据库中获取对应用户。这里采用了异步会话的方式（AsyncSession），确保高效的数据库操作。

权限管理的示例代码如下。

```
async def get_user_permissions(user: User, db: AsyncSession):
```

该函数通过用户角色，查询用户具备的权限。权限信息从数据库中的 Permission 表获取，并通过多表关联进行筛选。

权限检查的示例代码如下。

```
async def has_permission(permission_name: str, db: AsyncSession = Depends
(get_async_session),
                        current_user: User = Depends(get_current_user)):
```

该函数用于检查当前用户是否拥有特定权限。如果用户没有该权限，将返回 403 Forbidden 错误。该功能通常用于保护敏感 API 资源，确保只有具备特定权限的用户才能访问。

自定义权限装饰器的示例代码如下。

```
class PermissionRequired:
```

这是一个自定义的权限装饰器，允许在路由函数中更简洁地进行权限验证。只需在路由中依赖 PermissionRequired 即可实现权限控制。该类在调用时，会验证当前用户是否具备指定的权限。

权限管理与用户认证的示例代码如下。

```python
from sqlalchemy import select
from sqlalchemy.orm import selectinload
from datetime import datetime, timedelta, timezone
from typing import Optional, List
from jose import JWTError, jwt
from passlib.context import CryptContext
from fastapi.security import OAuth2PasswordBearer
from sqlalchemy.ext.asyncio import AsyncSession
from fastapi import Depends, HTTPException, status

from fast_dev.src.apps.api.models.permisson_model import Permission
from fast_dev.src.apps.api.models.role_model import Role
from fast_dev.src.apps.api.models.user_model import User
from fast_dev.src.apps.db.database import get_async_session

# 通过 openssl rand -hex 32 生成的随机密钥 SECRET_KEY = "YOUR_SECRET_KEY"
SECRET_KEY = "a9c95c0da6ae5b1999cf87cf4e01ea94c5eae9e4573f517554eae8a21fee013d"
ALGORITHM = "HS256"
ACCESS_TOKEN_EXPIRE_MINUTES = 30

pwd_context = CryptContext(schemes=["bcrypt"], deprecated="auto")
oauth2_scheme = OAuth2PasswordBearer(tokenUrl="auth/token")

def verify_password(plain_password, hashed_password):
    return pwd_context.verify(plain_password, hashed_password)

def get_password_hash(password):
    return pwd_context.hash(password)
```

```
async def get_user_by_email(db: AsyncSession, email: str):
    # 经典报错：   {'type': 'get_attribute_error', 'loc': ('response', 'roles'),
'msg': "Error extracting attribute: DetachedInstanceError: Parent instance
<User at 0x108362f90> is not bound to a Session; lazy load operation of
attribute 'roles' cannot proceed (Background on this error at:
https://sqlalche.me/e/20/bhk3)", 'input': <User(id=5, email=jack2024@163.com,
is_active=True)>, 'ctx': {'error': "DetachedInstanceError: Parent instance
<User at 0x108362f90> is not bound to a Session; lazy load operation of
attribute 'roles' cannot proceed (Background on this error at:
https://sqlalche.me/e/20/bhk3)"}, 'url': 'https://errors.pydantic.dev/2.6/v/
get_attribute_error'}
    # 这个错误是由于尝试访问与会话分离的用户实例的懒加载属性而发生的。为了解决这个问题，
我们需要在获取用户对象时，将其与会话绑定，并确保懒加载的角色属性在会话范围内加载。
    # result = await db.execute(select(User).filter(User.email == email))
    result = await db.execute(
        select(User).filter(User.email   ==   email).options(selectinload
(User.roles))
       )  # 懒加载处理：在 get_user_by_email 函数中使用 selectinload(User.roles)
来预先加载用户的角色，避免懒加载错误。
    return result.scalars().first()


def create_access_token(data: dict, expires_delta: Optional[timedelta] = None):
    to_encode = data.copy()
    if expires_delta:
        expire = datetime.now(timezone.utc) + expires_delta
    else:
        # expire = datetime.utcnow() + timedelta(minutes=15)
        expire = datetime.now(timezone.utc) + timedelta(minutes=15)
    to_encode.update({"exp": expire})
    encoded_jwt = jwt.encode(to_encode, SECRET_KEY, algorithm=ALGORITHM)
    return encoded_jwt
```

```python
async def get_current_user(token: str = Depends(oauth2_scheme), db:
AsyncSession = Depends(get_async_session)):
    credentials_exception = HTTPException(
        status_code=status.HTTP_401_UNAUTHORIZED,
        detail="无法验证凭据",
        headers={"WWW-Authenticate": "Bearer"},
    )
    try:
        payload = jwt.decode(token, SECRET_KEY, algorithms=[ALGORITHM])
        email: str = payload.get("sub")
        if email is None:
            raise credentials_exception
    except JWTError:
        raise credentials_exception

    # 确保在 get_current_user 函数中正确使用异步会话。通过 async with db as
    session 确保会话被正确打开和关闭。
    async with db as session:
        user = await get_user_by_email(session, email=email)
        if user is None:
            raise credentials_exception
        return user

# 获取用户权限
async def get_user_permissions(user: User, db: AsyncSession):
    result = await db.execute(

select(Permission.name).join(Role.permissions).join(User.roles).filter(User.id == user.id)
    )
    return [row[0] for row in result.fetchall()]
```

```
async def has_permission(permission_name: str, db: AsyncSession =
Depends(get_async_session),
                    current_user: User = Depends(get_current_user)):
    user_permissions = await get_user_permissions(current_user, db)
    if permission_name not in user_permissions:
        raise HTTPException(
            status_code=status.HTTP_403_FORBIDDEN,
            detail="Insufficient permissions"
        )


class PermissionRequired:
    def __init__(self, permission_name: str):
        self.permission_name = permission_name

    async def __call__(self, db: AsyncSession = Depends(get_async_session),
current_user: User = Depends(get_current_user)):
        user_permissions = await get_user_permissions(current_user, db)
        if self.permission_name not in user_permissions:
            raise HTTPException(
                status_code=status.HTTP_403_FORBIDDEN,
                detail="Insufficient permissions"
            )
```

Schema（模式）用于定义请求和响应数据的结构。在 FastAPI 中，通常使用 Pydantic 来定义这些数据模型。在权限管理系统中，Schema 帮助定义和验证权限创建、更新、查询等请求数据的格式，并将数据转换为 API 响应的形式。Schema 模块是系统数据流的核心之一，它确保了数据的完整性和有效性。Schema 的主要职责是定义权限相关的模型，例如权限的创建、更新、响应等。以下是对 Schema 模块的简要概述。

- **PermissionCreate**：定义权限创建时需要的字段。
- **PermissionUpdate**：定义权限更新时需要的字段。
- **PermissionResponse**：定义权限查询返回的响应格式。

Schema 模块的示例代码如下。

```
from pydantic import BaseModel

class PermissionCreate(BaseModel):
    name: str

class PermissionUpdate(BaseModel):
    name: str

class PermissionResponse(BaseModel):
    id: int
    name: str

    class Config:
        # orm_mode = True
        from_attributes = True
```

Service 模块主要用于处理与业务逻辑相关的操作。在权限管理系统中，Service 负责与数据库进行交互，并执行权限的增删改查操作。它解耦了业务逻辑和控制器（路由），使得代码更加模块化和易维护。在本项目中，Service 模块主要实现以下功能。

● create_permission：用于创建新的权限。
● update_permission：用于更新现有权限。
● delete_permission：用于删除权限。
● get_permission 和 get_all_permissions：分别用于根据 ID 查询权限和获取所有权限列表。

Service 模块中的逻辑通常是异步的，以保证在高并发情况下系统的响应效率，示例代码如下。

```
from fastapi import HTTPException
from sqlalchemy import select
from fast_dev.src.apps.api.models.permisson_model import Permission
```

```
from fast_dev.src.apps.db.database import get_async_session

async def create_permission(name: str):
    async with get_async_session() as session:
        # 检查是否存在
        existing_prm = await session.execute(
            select(Permission).where(Permission.name == name)
        )
        if existing_prm.scalars().first() is not None:
            raise HTTPException(status_code=400, detail="权限已存在！！")

        new_permission = Permission(name=name)
        session.add(new_permission)
        await session.commit()
        return new_permission

async def update_permission(permission_id: int, name: str):
    async with get_async_session() as session:
        permission = await session.get(Permission, permission_id)
        if not permission:
            raise HTTPException(status_code=404, detail="权限未找到")

        permission.name = name
        await session.commit()
        return permission

async def delete_permission(permission_id: int):
    async with get_async_session() as session:
        permission = await session.get(Permission, permission_id)
        if not permission:
            raise HTTPException(status_code=404, detail="权限未找到")
```

```
        await session.delete(permission)
        await session.commit()
        return permission

async def get_permission(permission_id: int):
    async with get_async_session() as session:
        return await session.get(Permission, permission_id)

async def get_all_permissions():
    async with get_async_session() as session:
        result = await session.execute(select(Permission))
        return result.scalars().all()
```

10.2   路由模块

路由模块负责定义 API 的访问路径，并将请求路由到相应的 Service 层进行处理。它是 API 的入口，在此模块中，我们可以为不同的权限操作（如创建、更新、删除、查询等）定义对应的 HTTP 方法和路径。在本项目中，路由模块的主要职责如下。

- **权限列表获取**：通过 GET 请求获取所有权限。
- **权限创建**：通过 POST 请求创建新权限。
- **根据 ID 查询权限**：通过 POST 请求根据权限 ID 获取具体权限。
- **更新权限**：通过 PUT 请求更新权限数据。
- **删除权限**：通过 DELETE 请求删除权限。

路由模块将前端或客户端的请求传递给 Service 层，并返回处理结果，是系统对外的接口，示例代码如下。

```python
from fastapi import APIRouter

from fast_dev.src.apps.api.service.perm_service import create_permission,
get_permission, get_all_permissions, \
    update_permission, delete_permission
from fast_dev.src.apps.api.schemas.prem_schema import PermissionResponse,
PermissionCreate


router = APIRouter()

@router.get('/list', summary='权限列表')
async def get_prem_list():
    return await get_all_permissions()

@router.post('/create', response_model=PermissionResponse, summary='权限
创建')
async def create_new_permission(permission: PermissionCreate):
    return await create_permission(permission.name)

@router.post('/pres_id',summary='根据 id 查询')
async def get_prem_by_id(p_id:int):
    return await get_permission(p_id)

@router.put('/put_prem', summary="更新权限")
async def update_prem_data(p_id:int,name:str):
    return await update_permission(p_id,name)

@router.delete('/{pre_id}', summary="删除权限")
async def delete_prem_data(pre_id: int):
    return await delete_permission(pre_id)
```

10.3　用户管理

用户管理模块在系统中至关重要，涉及用户的注册、信息修改、登录与令牌管理，以及用户权限和角色的动态管理等功能。下面我们分别介绍这些功能在系统中的实现思路和关键技术点。

10.3.1　用户 Schemas 模块

在用户管理系统中，Schemas 模块主要用于定义请求和响应的数据结构。它帮助我们确保数据的一致性和正确性。在 FastAPI 中，通常使用 Pydantic 来定义这些模式。通过 Schemas，我们可以清晰地描述创建用户、更新用户时所需的数据字段以及响应时返回的数据格式。主要功能如下。

- **UserSchema**：定义了用户的基本信息，例如用户名、邮箱、密码哈希等。
- **UserCreateSchema**：在用户创建时，除了基本信息，还需要传递用户的角色列表。
- **UserResponseSchema**：定义了用户信息的响应格式，包括用户的角色信息。

这部分定义了数据流的标准，为后续的逻辑实现提供了数据验证和格式转换的基础，示例代码如下。

```
"""
UserWarning: Valid config keys have changed in V2:
* 'orm_mode' has been renamed to 'from_attributes'


"""
from pydantic import BaseModel, EmailStr, Field
```

```
from typing import List, Optional

class UserSchema(BaseModel):
    name: str = Field(..., description="用户名")
    email: EmailStr | None = Field(None, description="邮箱")
    hashed_password: str = Field(..., description="hash 密码")
    is_active: bool = Field(True, description="是否可用")
class UserCreateSchema(UserSchema):
    roles: list[int] = Field(..., description="关联角色列表")
class RoleResponseSchema(BaseModel):
    id: int
    name: str
    class Config:
        from_attributes = True
class UserResponseSchema(BaseModel):
    id: int
    name: str
    email: Optional[str]  # 邮箱可能为 None，所以标记为 Optional
    is_active: bool
    roles: List[RoleResponseSchema]
    class Config:
        # orm_mode = True    # 允许模型与 ORM 模型兼容，便于从 ORM 对象中直接创建数据
模型实例
        from_attributes = True  # Updated from 'orm_mode' to 'from_attributes'
in Pydantic v2.0
```

10.3.2　路由模块

路由模块负责定义 API 的访问路径，并将请求路由到具体的业务逻辑处理函数。在用户管理模块中，路由主要用于处理用户的增删改查操作。主要功能如下。

- **用户创建**：通过 POST 请求创建新用户，并分配角色。如果指定的角色不存在，系统将返回错误。
- **用户查询**：支持分页查询用户列表，并可以通过 ID 查询单个用户的详细信息。
- **用户更新**：提供用户信息更新功能，支持更新用户的基本信息和角色。
- **用户删除**：允许通过用户 ID 删除用户。

通过这种方式，路由模块将客户端的请求与具体的服务逻辑绑定在一起，形成了一个完整的用户管理 API，示例代码如下。

```python
from fastapi import APIRouter, Depends, status, HTTPException, Query

from fast_dev.src.apps.api.service.user_service import create_user_service,
get_users_paginated, get_user_by_params, \
    update_user, delete_user
from fast_dev.src.apps.api.models.user_model import User
from fast_dev.src.apps.api.schemas import user_schemas
from fast_dev.src.apps.db.database import get_async_session
from sqlalchemy.ext.asyncio import AsyncSession

router = APIRouter()

def user_to_dict(user: User) -> dict:
    return {
        "id": user.id,
        "name": user.name,
        "email": user.email,
        "is_active": user.is_active,
        "roles": [{"id": role.id, "name": role.name} for role in user.roles],
    }

"""
```

依赖注入：UserService 类的实例化是通过依赖 get_db 函数注入的 AsyncSession 对象来完成的。

错误处理：捕获并处理 `create_user` 方法可能抛出的错误。使用 `HTTPException` 来向客户端返回具体的错误信息。

响应模型：定义了一个响应模型 `UserResponseSchema`，它将在成功创建用户时返回。这样可以确保返回给客户端的数据是预期的格式。

状态码：设置 `status_code=status.HTTP_201_CREATED` 明确表示资源已成功创建。

这种结构不仅清晰地分离了关注点，提高了代码的可维护性，而且还增强了 API 的可用性和可测试性。
`"""`

```python
@router.post(
    "/create_data", response_model=user_schemas.UserResponseSchema, status_
code=status.HTTP_201_CREATED, summary="创建用户"
)
async def create_user(
        user_data: user_schemas.UserCreateSchema):
    """创建新用户，并分配角色。如果指定的角色不存在，将返回错误。"""
    return await create_user_service(user_data)


@router.get("/get_list", summary='查询用户信息列表')
async def read_users(page: int = Query(0, ge=0), page_size: int = Query(10,
gt=0),
                    session: AsyncSession = Depends(get_async_session)):
    """
    注意，在异步中 "AttributeError: '_AsyncGeneratorContextManager' object
has no attribute 'execute'" 通常是在 FastAPI 中使用依赖项时的上下文管理不当导致
的。这个错误发生是因为 session 变量被误解释为一个异步生成器上下文管理器，而不是
AsyncSession 的实例。确切地说，问题在于如何使用由 Depends() 提供的 session 对象。

    所以需要保持一致
    会话管理：确保 get_async_session 正确地返回一个异步会话。这通常意味着 get_
async_session 应该是一个异步生成器，正确地创建并清理会话。
    """
    async with session as sess:
        users = await get_users_paginated(sess, page, page_size)
```

```
        return users

@router.get("/get/{user_id}", summary='根据 id 查询用户信息')
async def read_user(user_id: int, session: AsyncSession = Depends
(get_async_session)):
    async with session as sess:
        user = await get_user_by_params(sess, id=user_id)
        if not user:
            raise HTTPException(status_code=404, detail="User not found")
        return user


@router.post("/put_user", status_code=status.HTTP_200_OK, summary="更新
用户")
async def update_user_route(
        user_id: int,
        user_data: user_schemas.UserCreateSchema
):
    """
    更新用户
    """
    await update_user(user_id, user_data.dict())
    return user_data


@router.delete("/{user_id}", summary='删除用户')
async def delete_user(user_id: int):
    # async def delete_user_route(user_id: int):
    return await delete_user(user_id)
```

10.3.3　服务层

服务层（Service）是系统中处理业务逻辑的核心。它负责与数据库交互，实现用户管

理的核心功能，如用户的创建、更新、删除和查询等，主要功能如下。

● **创建用户**：在创建用户时，首先检查用户和角色是否存在，防止重复数据的产生。
　然后，通过事务管理确保数据的完整性。

● **分页获取用户列表**：支持分页查询，以应对大规模用户数据的场景。

● **用户更新与删除**：在更新和删除用户时，确保相关联的数据（如角色）也能被正确
　处理，避免数据不一致的问题。

服务层解耦了业务逻辑与路由，使得代码更加模块化，也便于进行单元测试和维护，
示例代码如下。

```python
from fast_dev.src.apps.api.models.role_model import Role
from fast_dev.src.apps.api.models.user_model import User
from fast_dev.src.apps.api.schemas import user_schemas
from sqlalchemy import select, update, delete
from sqlalchemy.orm import selectinload

from fast_dev.src.apps.core.auth import get_password_hash
from fast_dev.src.apps.db.database import get_async_session
from sqlalchemy.ext.asyncio import AsyncSession


"""
处理用户业务逻辑，通用处理可以封装在独立的 crud 模块中。
"""


from fastapi import HTTPException


async def create_user_service(user_data: user_schemas.UserCreateSchema)
-> User:
    print(user_data.email)

    async with get_async_session() as session:
        # 检查用户是否存在
```

```python
existing_user = await session.execute(
    select(User).where(User.email == user_data.email)
)
if existing_user.scalars().first() is not None:
    raise HTTPException(status_code=400, detail="用户已经存在")


# 检查所有角色是否存在
role_ids = user_data.roles
roles = await session.execute(
    select(Role).where(Role.id.in_(role_ids))
)
roles = roles.scalars().all()
if len(roles) != len(role_ids):
    raise HTTPException(status_code=400, detail="一个或多个角色不存在")


# 创建新用户
new_user = User(
    email=user_data.email,
    hashed_password=get_password_hash(user_data.hashed_password),
# 假设密码已经是哈希过的
    name=user_data.name,
    is_active=user_data.is_active
)
```

关联角色

角色的添加：直接通过赋值 new_user.roles = roles 来建立用户与角色之间的关系。由于 roles 是一个多对多的关联，这种方式会更新关联表 user_roles。

```python
new_user.roles = roles  # 把查询到的角色列表直接赋值给新用户的 roles 属性
session.add(new_user)
await session.commit()  # 事务提交：通过 await session.commit() 来确保
```

所有的更改（包括用户信息和用户与角色的关系）都被正确保存到数据库中。

```python
return new_user  # 返回新创建的用户对象
```

```python
async def get_users_paginated(session: AsyncSession, page: int, page_size:
int) -> list:
    query = select(User).offset(page * page_size).limit(page_size)
    result = await session.execute(query)
    return result.scalars().all()

async def get_user_by_username(username: str):
    async with get_async_session() as session:
        return await session.query(User).filter(User.username == username).
first()

async def get_user_by_params(session: AsyncSession, **kwargs) -> list:
    query = select(User).filter_by(**kwargs)
    result = await session.execute(query)
    return result.scalars().all()

async def get_user_by_id(user_id: int) -> User:
    """通过 ID 获取用户详细信息，包括其角色。"""
    async with get_async_session() as session:
        result = await session.execute(
            select(User).options(selectinload(User.roles)).where(User.id ==
user_id)
        )
        user = result.scalars().first()

        if user is None:
            raise HTTPException(status_code=404, detail="用户未找到")
        return user

async def get_all_users() -> list:
    """获取所有用户及其角色。"""
    async with get_async_session() as session:
```

```python
        result = await session.execute(select(User).options(selectinload
(User.roles)))
        return result.scalars().all()


async def update_user(user_id: int, update_data: dict, role_ids: list =
None) -> None:
    """
    更新用户信息
    """
    print(update_data)
    async with get_async_session() as session:
        query = select(User).where(User.id == user_id)
        result = await session.execute(query)
        user = result.scalars().first()
        if user:
            for key, value in update_data.items():
                setattr(user, key, value)
            if role_ids is not None:
                roles = await session.execute(select(Role).where(Role.id.in_
(role_ids)))
                user.roles = roles.scalars().all()
            await session.commit()


async def delete_user(user_id: int) -> None:
    """删除用户
    """
    async with get_async_session() as session:
        query = select(User).where(User.id == user_id)
        result = await session.execute(query)
        user = result.scalars().first()
        if user:
            await session.delete(user)
```

```
        await session.commit()
    return {"msg": "删除用户成功", "data": f"删除用户为: {user}"}
```

10.3.4　用户登录

用户登录是系统的一个关键环节,它涉及令牌的生成与管理,以及基于令牌的用户身份验证。使用 JWT 作为认证机制,系统可以安全可靠地进行用户身份的验证和权限控制。主要功能如下。

- **用户登录**:用户提交用户名和密码,系统验证后生成 JWT 令牌。该令牌在后续请求中用于验证用户身份。
- **令牌验证**:系统在每次请求时解析并验证 JWT,确保请求来自合法用户。
- **获取用户信息**:通过已登录用户的令牌,系统可以在任意时刻获取当前用户的信息,并基于角色和权限进行操作控制。

用户登录与验证的示例代码如下。

```python
#!/usr/bin/env python3
# -*-coding:utf-8 -*-
"""
-------------------------------------------------
# @File :auth_views
-------------------------------------------------
"""
from datetime import timedelta
from fastapi import Depends, HTTPException, status, APIRouter
from fastapi.security import OAuth2PasswordRequestForm
from sqlalchemy.ext.asyncio import AsyncSession
from fast_dev.src.apps.api.service.auth_service import authenticate_user,
get_user_with_roles_and_permissions
from fast_dev.src.apps.api.service.perm_service import create_permission
from fast_dev.src.apps.api.models.user_model import User
```

```python
from fast_dev.src.apps.api.schemas.prem_schema import PermissionResponse,
PermissionCreate
from fast_dev.src.apps.api.schemas.user_schemas import UserResponseSchema
from  fast_dev.src.apps.core.auth  import  ACCESS_TOKEN_EXPIRE_MINUTES,
create_access_token, \
    get_current_user, PermissionRequired
from fast_dev.src.apps.db.database import get_async_session
# 增加登录路由
router = APIRouter()
# oauth2_scheme = OAuth2PasswordBearer(tokenUrl="auth/token")
@router.post("/token")
# async def login_for_access_token(form_data: OAuth2PasswordRequestForm
= Depends(), db: AsyncSession = Depends(get_async_session)):
# depends 依赖后，在 docs 页面，会发现多了小锁
async def login_for_access_token(form_data: OAuth2PasswordRequestForm =
Depends(),
                                 db: AsyncSession = Depends(get_async_session)):
    async with db as sess:
        print('登录 token')
        user  =  await  authenticate_user(sess,  form_data.username,  form_
data.password)
        print(user)
        if not user:
            raise HTTPException(
                status_code=status.HTTP_401_UNAUTHORIZED,
                detail="Incorrect username or password",
                headers={"WWW-Authenticate": "Bearer"},
            )
        access_token_expires = timedelta(minutes=ACCESS_TOKEN_EXPIRE_MINUTES)
        access_token = create_access_token(data={"sub": user.email}, expires_
delta=access_token_expires)
        return {"access_token": access_token, "token_type": "bearer"}
```

```
#  @router.get("/me",summary=" 登录后根据 token 获取信息 ",response_model=
UserResponseSchema)
@router.get("/me",  summary=" 登录后根据 token 获取信息 ",  response_model=
UserResponseSchema)
async def read_users_me(current_user: User = Depends(get_current_user)):
    return current_user


@router.post(
    "/permissions",  summary=' 验证角色是否有权限创建 ',  response_model=
PermissionResponse,
    dependencies=[Depends(PermissionRequired("auth.permission.create"))]
)
async def create_new_permission(permission: PermissionCreate):
    return await create_permission(permission.name)
```

访问接口页面单击登录按钮，就可以获取 token 以验证鉴权是否有效，如图 10.1 所示。单击 Authorize 选项之后，登录成功如图 10.2 所示。

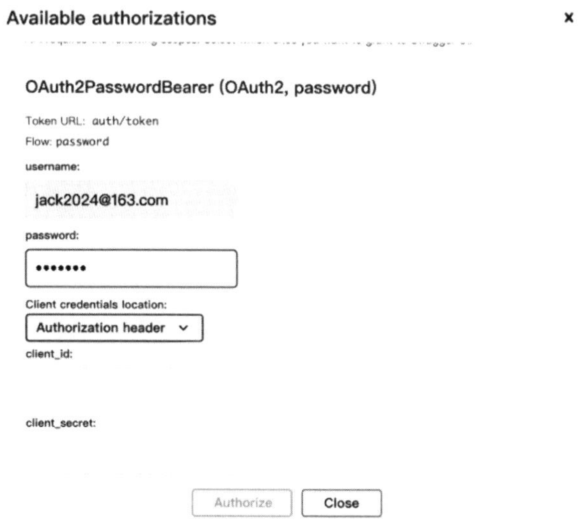

图 10.1　登录用户

Available authorizations   ✕

Scopes are used to grant an application different levels of access to data on behalf of the end user. Each API may declare one or more scopes.

API requires the following scopes. Select which ones you want to grant to Swagger UI.

OAuth2PasswordBearer (OAuth2, password)

Authorized

Token URL: auth/token
Flow: password
username: jack2024@163.com
password: ✱✱✱✱✱✱
Client credentials location: basic
client_secret: ✱✱✱✱✱✱

                Logout   **Close**

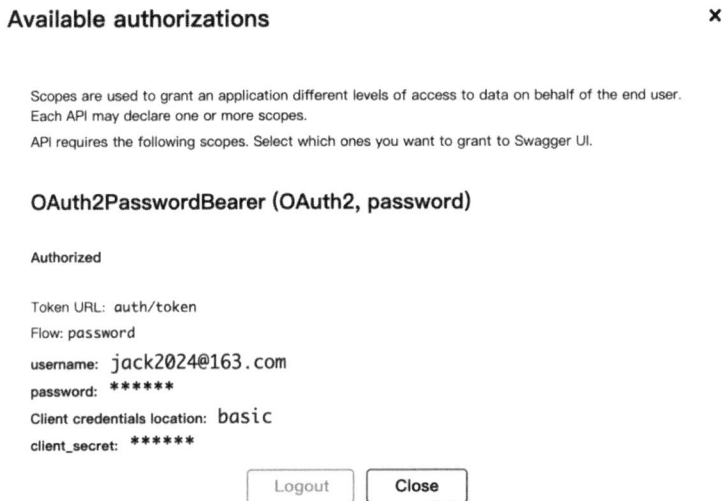

图 10.2　登录成功

10.3.5　权限系统

在多用户系统中，动态管理用户的角色和权限是非常重要的。通过权限系统，系统可以灵活地控制哪些用户可以访问哪些资源，主要功能如下。

- **角色和权限的分配**：支持动态分配和调整用户的角色，通过角色来管理用户的权限。
- **权限验证**：在执行某些操作前，系统会验证用户是否具备相应权限。如果权限不足，则拒绝操作并返回相应的错误信息。
- **权限冲突处理**：通过数据库唯一性约束和逻辑检查，避免数据重复问题和数据冲突问题。

在开发过程中，可能会遇到一些典型问题，例如数据库操作中的约束冲突、数据重复写入等。通过引入数据库唯一性约束、在业务逻辑中进行存在性检查，以及对错误进行捕获和处理，可以有效避免这些问题。这些措施不仅提升了系统的健壮性，还增强了用户体验。

10.4　菜单与路由管理

在复杂系统中，菜单与路由管理模块是用户界面和访问控制的关键。这个模块的主要任务是设计动态菜单系统，支持多级菜单结构，同时将菜单与角色权限绑定，并结合 FastAPI 的路由高级功能，实现灵活的权限和路由管理。

在用户界面中，菜单通常是树形结构，支持多级嵌套。例如，一个"产品"菜单下可能包含"子菜单 1""子菜单 2"等。为了实现这种结构，我们可以使用递归函数来构建菜单树。主要实现思路如下。

● **菜单数据结构**：每个菜单项都具有 id、name、parent_id 等字段，通过 parent_id 来标识其父菜单。

● **递归函数构建菜单树**：使用递归函数，依据 parent_id 关系构建多层级的菜单结构。在构建过程中，每个菜单项都可能包含其子菜单，最终生成一棵完整的菜单树。

● **菜单树的展示**：生成树形结构后，前端可以方便地将其渲染为用户界面的菜单。

通过这种递归构建，系统可以灵活支持任意层级的菜单结构，并根据用户的角色和权限动态生成不同的菜单视图。

```
#!/usr/bin/env python3
# -*-coding:utf-8 -*
"""
-------------------------------------------------
# @File :meun_tree
-------------------------------------------------
"""

# 定义菜单数据结构
menu_items = [
```

```
    {'id': 1, 'name': '首页', 'parent_id': None},
    {'id': 2, 'name': '产品', 'parent_id': None},
    {'id': 3, 'name': '关于我们', 'parent_id': None},
    {'id': 4, 'name': '菜单', 'parent_id': 2},
    {'id': 5, 'name': '权限', 'parent_id': 2},
    {'id': 6, 'name': '用户菜单', 'parent_id': 4},
    {'id': 7, 'name': '路由菜单', 'parent_id': 4},
    {'id': 8, 'name': 'AI 会话', 'parent_id': 3},
    {'id': 9, 'name': '发展历程', 'parent_id': 3},
]

# 构建菜单树的递归函数
def build_menu_tree(menu_items, parent_id=None):
    tree = []
    for item in menu_items:
        if item['parent_id'] == parent_id:
            children = build_menu_tree(menu_items, item['id'])
            if children:
                item['children'] = children
            tree.append(item)
    return tree

menu_tree = build_menu_tree(menu_items)

def print_menu_tree(tree, level=0):
    for item in tree:
        print('  ' * level + item['name'])
        if 'children' in item:
            print_menu_tree(item['children'], level + 1)
print_menu_tree(menu_tree)
```

以上是一个简单的数据源示例，我们通过 parent_id 字段来判断菜单项的层级关系，并递归生成树形结构。这种结构常用于表示具有父子关系的菜单或分类数据。

在权限管理中，不同角色往往具有不同的访问权限。为了实现基于角色的菜单和路由控制，菜单项需要与角色权限绑定，实现方法如下。

- **角色与菜单的关系管理**：在系统中，角色与菜单通常通过多对多的关系进行关联。每个角色可以访问多个菜单项，而每个菜单项也可以被多个角色访问。
- **动态菜单生成**：在用户登录后，系统会根据用户的角色查询其可访问的菜单项，并动态生成菜单树。这确保了不同角色用户只能看到其有权限访问的菜单。

这种动态绑定机制提升了系统的灵活性和安全性，确保菜单展示与用户权限相匹配。那么如何定义路由菜单的树形数据处理工具类呢？可参考如下的示例代码。

```python
#!/usr/bin/env python3
# -*-coding:utf-8 -*

"""
-------------------------------------------------

# @File :utils

-------------------------------------------------
"""

from typing import List
from fast_dev.src.apps.api.models.route_model import Route as RouteModel


# 递归构建嵌套路由结构
def build_route_tree(routes: List[RouteModel]):
    """
    routes:  List[RouteModel]:  接收一个由 RouteModel 实例组成的列表。每个
    RouteModel 实例表示一个路由。
    """
    route_dict = {route.id: route for route in routes}
    """
    作用：创建一个字典，键为路由的 id，值为 RouteModel 实例。
    原因：这样做的目的是方便快速查找特定 id 的路由，尤其是在处理父子关系时。
    """
    # 初始化根路由列表
```

```
root_routes = []
```
"""
作用：初始化一个空列表，用于存储根路由（即没有父路由的路由）。
原因：根路由没有父路由，直接存储在这个列表中。
"""

```
# 构建路由树
for route in routes:
```
"""
作用：遍历每一个路由实例。
原因：需要检查每一个路由，决定它是根路由还是子路由，并根据父子关系构建嵌套结构。
"""

```
    # 检查是否有父路由
    if route.parent_id:
        parent = route_dict.get(route.parent_id)
```
"""
作用：检查当前路由是否有父路由（parent_id 是否非空）。
原因：如果 parent_id 非空，表示当前路由是一个子路由。
"""
```
        if parent:
            # 查找父路由并添加为子路由
```
"""
parent = route_dict.get(route.parent_id)：从字典中获取父路由。

作用：根据 parent_id 获取父路由实例。
原因：需要将当前路由添加为其父路由的子路由。
if parent::检查父路由是否存在。

作用：确保父路由存在。
原因：避免试图访问不存在的父路由。
if not hasattr(parent, 'children')::检查父路由是否有 children 属性。

　　　　作用：确保父路由有一个 children 列表。

　　　　原因：初始化 children 列表以存储子路由。

　　　　parent.children.append(route)：　将当前路由添加到父路由的 children 列表中。

　　　　作用：构建父子关系。

　　　　原因：使当前路由成为父路由的子路由。

```
        """
        if not hasattr(parent, 'children'):
            parent.children = []
        parent.children.append(route)
    # 处理根路由
    else:
        """
```

　　　　作用：如果当前路由没有父路由，将其添加到根路由列表中。

　　　　原因：根路由直接存储在根路由列表中。

```
        """
        root_routes.append(route)
    # 返回根路由列表
    """
```

作用：返回构建好的嵌套路由树。

原因：根路由列表包含了整个路由树的根节点，每个根节点下都包含了其子路由。

```
    """
    return root_routes
```

Shemas 的示例代码如下。

```
#!/usr/bin/env python3
# -*-coding:utf-8 -*
"""
-------------------------------------------------
# @File :route_schemas
-------------------------------------------------
"""
```

```python
from typing import List, Optional
from pydantic import BaseModel

class RouteBase(BaseModel):
    name: str
    path: str
    component: str
    redirect: Optional[str] = None
    meta_title: str
    meta_icon: str
    role: Optional[str] = None
    is_hidden: bool = False
    parent_id: Optional[int] = None


class RouteCreate(RouteBase):
    pass


class RouteUpdate(RouteBase):
    pass


class RouteInDBBase(RouteBase):
    id: int
    parent_id: Optional[int] = None

    class Config:
        # orm_mode = True
        rom_attributes = True


class Route(RouteInDBBase):
    children: List["Route"] = []
```

Route.update_forward_refs() # 在 Route 模型中, 存在自引用 (即 Route 模型的 children 字段引用了自身的类型), 因此需要使用 update_forward_refs 来处理这种自引用的情况。

Service 的示例代码如下。

```python
#!/usr/bin/env python3
# -*-coding:utf-8 -*
"""
-------------------------------------------------
# @File :route_service
-------------------------------------------------
"""
from fastapi import HTTPException
from sqlalchemy import select
from fast_dev.src.apps.api.models.route_model import Route
from fast_dev.src.apps.api.schemas.route_schemas import RouteCreate, RouteUpdate
from fast_dev.src.apps.db.database import get_async_session
from sqlalchemy.orm import selectinload


async def get_all_routes():
    async with get_async_session() as db:
        # result = await db.execute(select(Route))
        result = await db.execute(select(Route).options(selectinload(Route.children)))

        return result.scalars().all()


async def create_route(router_data: RouteCreate):
    db_route = Route(**router_data.dict())
    async with get_async_session() as session:
        # 检查是否存在
        existing_name = await session.execute(
            select(Route).where(Route.name == router_data.name)
        )
```

```
        if existing_name.scalars().first() is not None:
            raise HTTPException(status_code=400, detail="路由已经存在")

        # 创建
        session.add(db_route)
        await session.commit()
        return db_route

async def get_routes():
    async with get_async_session() as db:
        result = await db.execute(select(Route).options(selectinload(Route.
children)))
        return result.scalars().all()


"""
```

DetachedInstanceError 表示尝试访问的对象已脱离当前的数据库会话。这通常发生在尝试延迟加载属性（如 children）时，但父对象已脱离会话。

要解决这个问题，我们可以在查询时预加载相关数据，以避免在会话之外访问这些属性。可以使用 SQLAlchemy 的 joinedload 或 selectinload 来实现这一点。
```
"""

async def get_route_by_name(name: str):
    async with get_async_session() as db:
        result = await db.execute(select(Route).filter(Route.name == name).
options(selectinload(Route.children)))
        return result.scalars().first()

async def update_route(route_id: int, route_update: RouteUpdate):
    async with get_async_session() as db:
        db_route = await db.get(Route, route_id)
        if not db_route:
```

```
            return None
        for key, value in route_update.dict(exclude_unset=True).items():
            setattr(db_route, key, value)
        await db.commit()
        await db.refresh(db_route)
        return db_route


async def delete_route(route_id: int):
    async with get_async_session() as db:
        db_route = await db.get(Route, route_id)
        if not db_route:
            return None
        await db.delete(db_route)
        await db.commit()
        return db_route
```

在后台管理系统中，路由设计与菜单管理息息相关。每个菜单项通常对应一个特定的路由，用户单击菜单项触发路由跳转，访问对应的功能页面。FastAPI 为路由管理提供了丰富的功能，结合这些功能可以实现更灵活的路由管理，路由设计的核心要点如下。

- **路由嵌套与树形结构**：和菜单结构类似，路由也可以有多层嵌套。通过递归函数，可以构建嵌套路由树，使得复杂的页面导航变得清晰有序。
- **动态路由注册**：在 FastAPI 中，可以动态地根据配置生成和注册路由，这使得系统扩展更加灵活。通过统一的路由注册机制，可以快速扩展或调整系统中的路由。
- **角色权限与路由的关联**：每个路由可以绑定特定的角色权限，只有具备相应权限的用户才能访问特定路由。这种绑定机制确保了系统的访问控制。

Views 的示例代码如下。

```
#!/usr/bin/env python3
# -*-coding:utf-8 -*
"""
----------------------------------------------------
# @File :route_views
```

```
-------------------------------------------------
"""

from fastapi import APIRouter, HTTPException
from typing import List

from  fast_dev.src.apps.api.service.route_service  import  create_route,
get_all_routes, delete_route, update_route
from fast_dev.src.apps.api.schemas.route_schemas import RouteCreate, Route,
RouteUpdate
from fast_dev.src.apps.core.utils import build_route_tree

routes = APIRouter()

@routes.post("/routes", summary='创建路由接口信息')
async def create_route_data(route_data: RouteCreate):
    return await create_route(route_data)

@routes.get('/all_routes', summary='查询所有路由')
async def get_route_all_data():
    routes = await get_all_routes()
    return routes

@routes.get("/nested-routes", response_model=List[Route], summary='获取树
形结构路由')
async def read_nested_routes():
    routes = await get_all_routes()
    nested_routes = build_route_tree(routes)
    return nested_routes

@routes.put("/routes/{route_id}", response_model=Route,summary='更新路由')
async def update_route_id(route_id: int, route: RouteUpdate):
    db_route = await update_route(route_id, route)
```

```
    if db_route is None:
        raise HTTPException(status_code=404, detail="Route not found")
    return db_route


@routes.delete("/routes/{route_id}", response_model=Route,summary='删除路由')
async def delete_route_id(route_id: int):
    db_route = await delete_route(route_id)
    if db_route is None:
        raise HTTPException(status_code=404, detail="Route not found")
    return db_route
```

访问菜单接口 http://127.0.0.1:8735/todo/nested-routes，获取树形结构路由，如图 10.3 所示。

为确保系统的稳定性和易维护性，在菜单与路由管理模块中还涉及了一些高级设计和优化。

- **预加载与懒加载优化**：在查询菜单和路由数据时，使用 SQLAlchemy 的 selectinload 等技术，可以避免在访问关联数据时出现会话分离问题，并提升查询效率。

- **异常处理与数据一致性**：菜单和路由的增删改操作中，需处理数据约束、并发冲突等问题。通过数据库唯一性约束、事务管理和错误处理，可保证数据一致性和完整性。

在实际项目中，随着系统功能的不断扩展，路由和 API 的管理变得更加复杂。为了简化管理，可以使用统一的路由注册机制，将所有路由模块集中管理，通过配置的方式进行扩展。

- **模块化路由管理**：将不同功能的路由模块（如用户管理、角色管理、菜单管理等）独立出来，统一在主应用中进行注册。这种设计使得功能模块清晰独立，易于扩展和维护。

- **自动化路由注册**：通过遍历配置，系统可以动态注册各模块的路由，无须手动调整代码，极大提高了系统的灵活性。

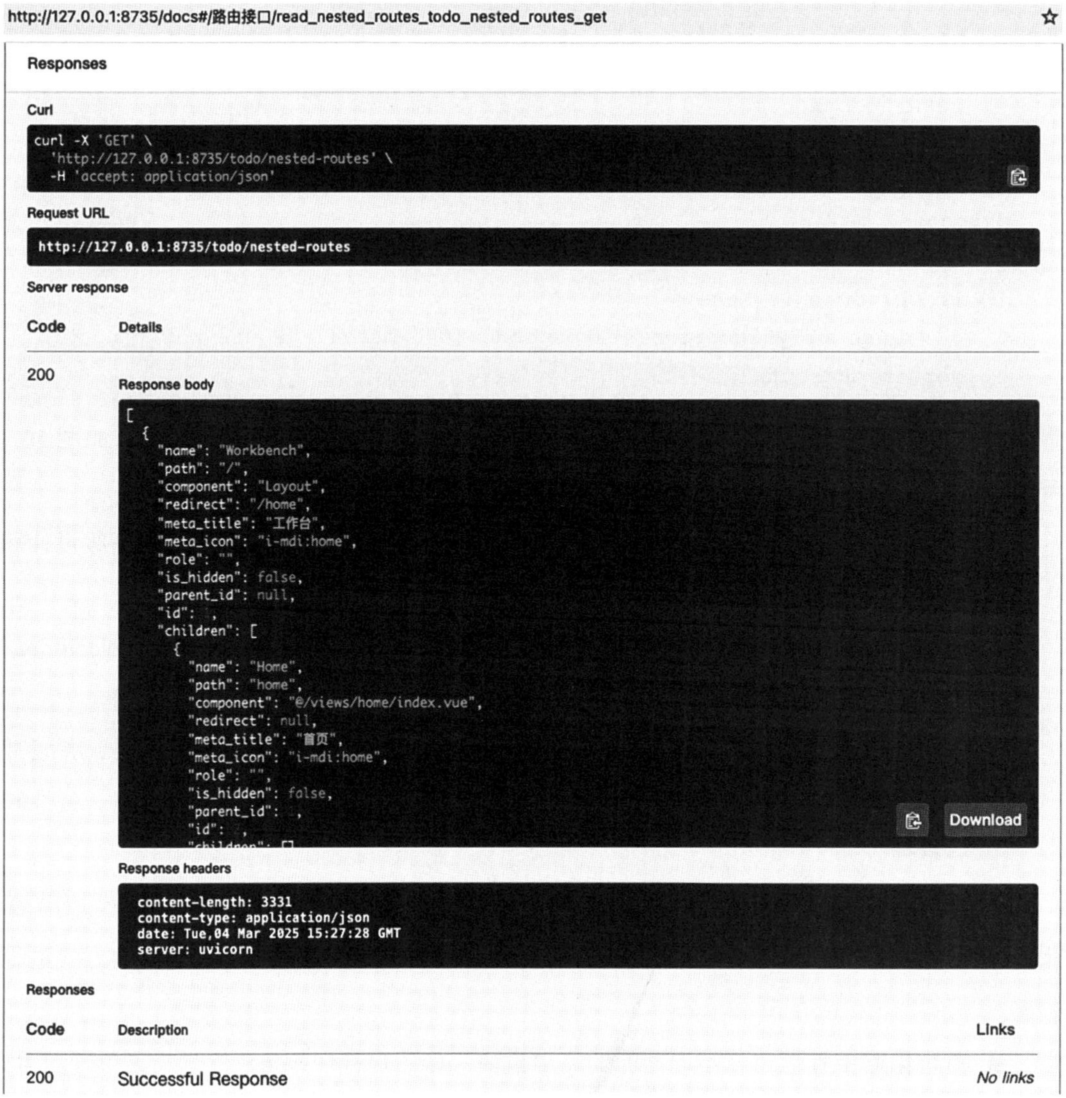

图 10.3　获取树形结构路由

路由视图层负责项目的路径管理，类似于人体的经络系统。我们使用 FastAPI 的 ApiRouter 在视图文件中定义路由，在 apiRouter 中注册，并在主函数中统一调用。这种设计使得项目在扩展时能够快速有效地进行扩展和维护，示例代码如下。

```
from fast_dev.src.apps.api.controller import user_views,role_views,perm_
views,auth_views,todo_views,chat_views,route_views


# 正常注册路由
# app = FastAPI()
# app.include_router(user_views.router, tags=["users"])
# app.include_router(role_views.router, tags=["roles"])
# app.include_router(perm_views.router, tags=["permissions"])


# 引入应用中的路由
urlpatterns = [
    {"ApiRouter": user_views.router, "prefix": "/user", "tags": ["用户接口"]},
    {"ApiRouter": role_views.router, "prefix": "/role", "tags": ["角色接口"]},
    {"ApiRouter": perm_views.router, "prefix": "/perm", "tags": ["菜单接口"]},
    {"ApiRouter": todo_views.router, "prefix": "/todo", "tags": ["待办事项"]},
    {"ApiRouter": route_views.routes, "prefix": "/todo", "tags": ["路由接口"]},
    {"ApiRouter": chat_views.router, "prefix": "/chat", "tags": ["AI 会话"]},
    {"ApiRouter": auth_views.router, "prefix": "/auth","tags": ["token 接口"]},
]
```

在 run.py 中引入如下代码。

```
from fast_dev.src.apps.api import ApiRouter
```

编写注册路由函数如下。

```
def register_router(app: FastAPI) -> None:
    """

    注册路由
    :param app:
    :return:
    """
    # 项目 API
```

```
    for url in ApiRouter.urlpatterns:
        app.include_router(url["ApiRouter"], prefix=url["prefix"], tags=url
["tags"])
```

注册路由代码如下。

```
# 构建路由
register_router(app)
```

11 chapter

第11章
部署与监控

FastAPI 服务 Docker 化可以让你的应用更易于部署、扩展和管理。本章介绍 FastAPI 应用容器化的详细步骤，包括创建 Dockerfile、构建镜像以及运行容器。

11.1 创建 FastAPI 应用

首先，确保 FastAPI 应用已准备好，并且包括一个 pdm.lock 文件和一个 pyproject.toml 文件来锁定和定义项目依赖，本次使用 pdm 来管理依赖。

因为一般情况下使用 pip，所以 Dockerfile 需要包括安装 pdm，然后使用它安装依赖。以下是一个 Dockerfile 示例。

```
# 使用官方 Python 镜像
FROM python:3.12-slim

# 设置工作目录
```

```
WORKDIR /app

# 安装 pdm
RUN pip install pdm

# 复制项目文件
COPY pyproject.toml pdm.lock /app/

# 使用 pdm 安装依赖
RUN pdm install --prod

# 复制应用代码
#COPY ./src /app/src/

# 指定容器启动时运行的命令
CMD ["pdm", "run", "uvicorn", "app.main:app", "--host", "0.0.0.0", "--port",
"8735"]
```

在包含 Dockerfile 的目录下运行以下命令来构建 Docker 镜像。

打开 cmd 命令行，在命令行输入 docker 构建命令。

```
docker build -t fastapi_ai .
```

使用以下命令运行容器，通过 docker ps -a 可以查看容器运行状态。

```
docker run -d -p 8735:8735 fastapi_ai
```

如果容器没有正常启动，可通过"docker logs 容器 id"查看问题。

例如，将根目录设置在 fast_dev 下，会导致无法找到绝对路径。使用相对导入可以使代码更独立于部署环境，便于在不同环境（如本地和 Docker 容器）间迁移和维护。相对导入基于当前文件相对于其他文件或模块的路径，有助于保持项目结构清晰，代码易于理解。在你的案例中，将绝对路径导入改为相对路径导入是一个推荐的做法。原始代码如下。

```
from fast_dev.src.apps.api.service.perm_service import create_permission,
get_permission, get_all_permissions, \
```

```
update_permission, delete_permission
改为:
from  ..service.perm_service  import  create_permission, get_permission,
get_all_permissions, \
update_permission, delete_permission
```

这种改变假设你的导入语句位于 apps/api 目录中的某个文件,例如 controller 或者其他同级目录的模块。..表示上一级目录,所以..service 表示从当前文件的父目录下的 service 目录中导入。使用相对导入的优势如下。

● **减少依赖于项目的具体安装位置**:使模块之间的关系更加清晰,代码也更易于重构和移动。

● **增强模块的封装性**:外部模块不需要了解内部模块的具体路径。

● **简化代码的迁移和分发**:特别是当你将代码打包成库或应用时。

使用相对导入的注意事项如下。

● 相对导入只能用于包内部。如果你尝试在项目的根目录脚本中使用相对导入,Python 解释器将无法正确解析路径。

● 确保在设置 Docker 或其他环境时,所有的路径和环境变量设置都与你的导入逻辑相匹配。

11.2　Docker 部署

学习 Docker 部署的方式,可以确保 FastAPI 项目使用 pdm 作为包管理工具,并且能够在 Docker 和本地环境中正常运行,你需要确保项目的 Dockerfile 和运行命令正确配置。以下为完整的配置步骤。

首先,确保 Dockerfile 配置正确,使用 pdm 并设置适当的运行命令。以下是一个更新的 Dockerfile 示例。

```
# 使用 Python 3.12 官方镜像作为基础镜像
FROM python:3.12-slim
# 设置工作目录
WORKDIR /app
# 安装 pdm
RUN pip install pdm
# 复制 pdm 配置文件
COPY pyproject.toml pdm.lock ./
# 安装依赖
RUN pdm install --prod
# 复制项目文件到容器内
COPY . .
# 暴露端口 8735，与 uvicorn 运行配置一致
EXPOSE 8735
# 设置环境变量
ENV PYTHONUNBUFFERED=1
# 启动 FastAPI 应用
CMD ["pdm", "run", "uvicorn", "src.run:app", "--host", "0.0.0.0", "--port",
"8735", "--reload", "False"]
```

确保 run.py 中的 app 实例正确配置并可以被 uvicorn 正确引用。例如：

```
# 文件：src/run.py
from fastapi import FastAPI


app = FastAPI()


@app.get('/', summary='初始化页面')
async def index():
    return {"Hello": "FastAPI"}


@app.get("/items/{item_id}", summary='test 传参')
async def read_item(item_id: int):
```

```
    return {"item_id": item_id}


if __name__ == '__main__':
    import uvicorn
    uvicorn.run(app="run:app", host="0.0.0.0", port=8735, reload=False, access_
log=False)
```

在本地运行时，确保 pdm 正确配置，然后从项目根目录运行。

```
pdm run uvicorn src.run:app --host 0.0.0.0 --port 8735 --reload
```

在 Docker 部署时，使用以下命令构建和运行容器，这将在后台启动 FastAPI 应用，端口 8735 被映射到同一个主机端口。

```
docker build -t myfastapiapp .
docker run -d -p 8735:8735 myfastapiapp
```

使用 docker logs [container_id]查看应用日志，确保无错误。在浏览器或工具（如 curl）上测试运行，例如访问 http://localhost:8735 和 http://localhost:8735/items/1。

通过这些步骤，FastAPI 应用应该能够在本地和 Docker 环境中正确运行，且 pdm 负责管理所有 Python 包依赖。运行成功后即可显示代码，docker 运行正常情况如图 11.1 所示。

图 11.1　docker 运行正常示例

需要删除 Docker 容器时，首先要删除正在运行的容器，使用以下命令查看有哪些镜像正在运行。

```
Docker ps -a
```

通过 docker ps -a 查询容器 id，通过 docker rm 以及 rmi 删除 fastapi_ai 的容器和镜像

文件，注意，需要先将容器停止才可以删除。

11.3 FastAPI 服务的监控

在生产环境中，监控系统是保障应用高效运行的重要工具。通过监控，开发者可以实时了解应用的状态、性能指标以及潜在问题，及时采取措施进行优化。对于 FastAPI 应用，常用的监控工具包括 Prometheus、Grafana，以及 FastAPI 自身的内建功能。下面是关于如何为 FastAPI 应用设置监控的详细说明。

FastAPI 内置了一些基础的监控功能，这些功能可以帮助你获取应用的状态信息。例如，FastAPI 提供了开放 API 文档和自动生成的交互式接口，可以监控请求和响应的基本信息，示例代码如下。

```
from fastapi import FastAPI


app = FastAPI()
@app.get("/health")async def health_check():
    return {"status": "healthy"}
```

这个简单的健康检查端点可以在负载均衡器或监控系统中用来确认服务的健康状态。

Prometheus 和 Grafana 是现代云原生监控系统中的常见组合。Prometheus 负责收集和存储应用的监控指标，Grafana 则用于可视化这些指标数据，步骤概述如下。

可以通过 Docker 容器运行 Prometheus 和 Grafana。集成 Prometheus 中间件，使用 prometheus_fastapi_instrumentator 库，可以快速将 Prometheus 集成到 FastAPI 应用中，示例代码如下。

```
#安装依赖包pip install prometheus-fastapi-instrumentator
from prometheus_fastapi_instrumentator import Instrumentator
app = FastAPI()
```

```
@app.on_event("startup")async def startup():
    Instrumentator().instrument(app).expose(app)
```

此配置将收集应用的 HTTP 请求数量、响应时间、请求路径等指标，Prometheus 会定期拉取这些数据。

配置 Prometheus 的 prometheus.yml 文件，让其抓取 FastAPI 应用暴露的指标端点。

```
scrape_configs:
  - job_name: "fastapi"
  static_configs:
    - targets: ["host.docker.internal:8000"]  # 或者是你的 FastAPI 应用的地址
```

在 Grafana 中，添加 Prometheus 作为数据源，并配置仪表盘以可视化应用的性能数据。Grafana 提供了丰富的图表和可视化选项，可以实时展示应用的状态。

11.4　文档与维护

在任何项目中，文档和持续维护都是确保项目长期稳定发展的关键因素。本节将介绍如何使用 FastAPI 的内置功能生成和管理 API 文档，以及如何制定持续更新和版本管理策略。此外，本节还将探讨扩展功能和未来的发展方向。

FastAPI 自带的 Swagger UI 提供了一个交互式界面，方便开发者和用户浏览 API 文档并进行测试。在启动 FastAPI 应用后，你可以直接访问链接 http://127.0.0.1:8735/docs#/以查看自动生成的 API 文档，如图 11.2 所示。

- **功能特点**：Swagger UI 不仅显示了每个 API 端点的详细信息，还提供了在线测试功能。你可以在此界面中进行 POST、GET 等请求操作，验证接口功能。
- **其他文档格式**：除了 Swagger，FastAPI 还支持 Redoc 格式的文档，提供了另一种文档查看方式。访问路径通常为/redoc。

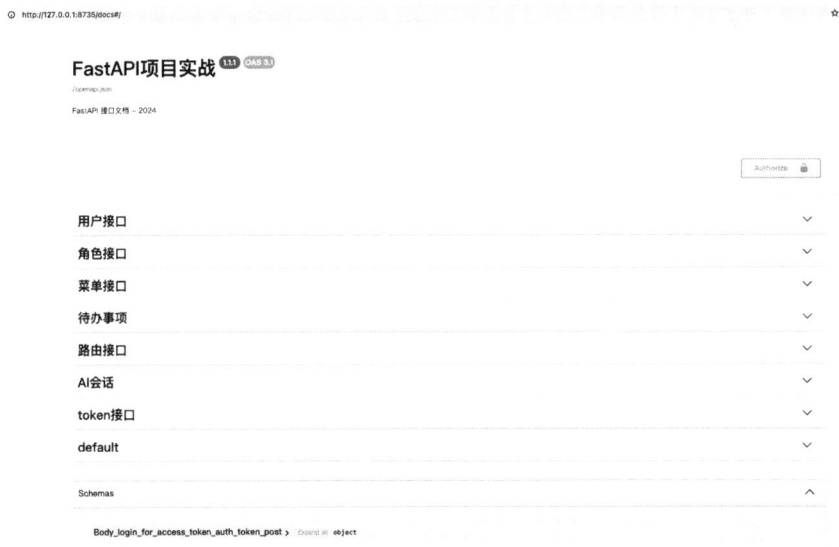

图 11.2　Swagger 文档界面

API 文档在项目开发中需要持续更新，以确保与代码库同步。在持续集成/持续交付（CI/CD）环境下，可以使用自动化工具来确保文档的生成和发布。

- **文档自动化**：结合 GitHub Actions、GitLab CI 或 Jenkins 等工具，每次代码提交时自动生成最新的 API 文档。

- **版本管理**：为不同版本的 API 生成独立文档，并在文档中标注版本信息和变更记录。使用版本控制工具（如 Git）管理文档不同版本，确保开发者可随时回溯和查阅。

第三篇 FastAPI 与大模型 AI

　　欢迎来到激动人心的大模型篇！在本篇中，我们将深入探索如何运用 FastAPI 这一强大工具部署大模型。首先会指引读者完成环境配置与模型下载，随后详细展示本地部署步骤。接着，深入讲解大模型的接入与配置方法，包括单次问答接口的搭建以及流式问答与多轮对话的实现。让我们一起开启这段智能问答之旅，领略大模型与 FastAPI 结合的魅力和潜力。

第12章
大模型 AI 问答

AI 会话功能是系统中一个智能化扩展模块，旨在通过自然语言处理技术为用户提供智能问答服务。在本项目中，我们采用了千问大模型和讯飞星火模型进行 AI 问答演示。该功能可以为用户提供丰富的交互体验，满足各类智能对话需求。

AI 问答的核心在于调用模型进行自然语言理解和生成。为了实现该功能，系统会在用户提交问题后，将问题发送给讯飞星火模型进行处理，最终返回答案。实现流程如下。

- **用户输入问题**：用户在前端界面提交问题。
- **调用星火模型**：系统通过 API 将问题发送至讯飞星火模型进行处理。
- **生成回答**：星火模型基于问题理解生成自然语言回答。
- **返回答案**：系统将模型生成的回答返回给用户。

这种单次问答的交互模式适用于快速的知识问答、信息检索等场景。

12.1　利用 FastAPI 部署大模型

Qwen2.5 系列大模型是由阿里巴巴集团 Qwen 团队研发的一系列大型语言模型和多模态模型。这些模型在大规模多语言和多模态数据上进行预训练，并通过高质量数据进行后期微调以贴近人类偏好。Qwen2.5 系列具备自然语言理解、文本生成、视觉理解、音频理解、工具使用、角色扮演、作为 AI Agent 进行互动等多种能力。

Qwen2.5-Coder 系列模型基于 Qwen2.5 基础大模型进行初始化，并通过 5.5T tokens 的数据持续训练，实现了代码生成、代码推理、代码修复等核心任务性能的显著提升。这一系列模型覆盖了主流的六个模型尺寸，从 0.5B 到 32B 不等，以满足不同开发者的需求。Qwen2.5-Coder 系列模型不仅能够在性能上与闭源模型如 GPT-4o 相提并论，甚至在某些关键功能上表现出色，足以称得上全球最强开源代码模型 。

此外，Qwen2.5 系列还支持高达 128K 的上下文长度，并能生成高达 8K 的文本。它支持超过 29 种语言，并且在遵循指令、生成长文本、理解结构化数据以及生成结构化输出，特别是 JSON 方面，有了显著改进。

Qwen2.5 系列模型的推出，无疑为开发者带来了福音，它不仅提高了模型处理复杂逻辑的能力，同时也保证了生成文本的连贯性和自然度。通过将 Embedding 层与输出层共享权重，模型能够在保持高效的同时减少参数数量，从而实现更好的资源利用率。

12.1.1　配置环境并下载模型

本节利用 FastAPI 在本地部署 Qwen2.5 大模型，并提供 API 接口。首先，为 pip 更换下载源，以加速下载并安装依赖包，示例代码如下。

```
# 升级 pip
python -m pip install --upgrade pip# 更换 pypi 源加速库的安装
pip config set global.index-url https://pypi.tuna.tsinghua.edu.cn/simple
pip install requests==2.31.0
pip install fastapi==0.115.1
pip install uvicorn==0.30.6
pip install transformers==4.44.2
pip install huggingface-hub==0.25.0
pip install accelerate==0.34.2
pip install modelscope==1.18.0
```

使用 modelscope 中的 snapshot_download 函数下载模型，第一个参数为模型名称，参数 cache_dir 为模型的下载路径。

新建 model_download.py 文件并在其中输入以下内容。

```
import torch
from modelscope import snapshot_download, AutoModel, AutoTokenizer
import os
model_dir = snapshot_download('qwen/Qwen2.5-7B-Instruct', cache_dir='/root/
autodl-tmp', revision='master')
```

粘贴代码后请及时保存文件。运行 python model_download.py 执行下载，模型大小为 15GB，下载模型大概需要 5 分钟。

注意，cache_dir 为模型下载路径。

12.1.2　FastAPI 本地部署大模型

新建 api.py 文件并在其中输入以下代码，粘贴代码后及时保存文件。

```
from fastapi import FastAPI, Request
from transformers import AutoTokenizer, AutoModelForCausalLM, GenerationConfig
import uvicorn
import json
import datetime
import torch


# 设置设备参数
DEVICE = "cuda"  # 使用 CUDA
DEVICE_ID = "0"  # CUDA 设备 ID，如果未设置则为空
CUDA_DEVICE = f"{DEVICE}:{DEVICE_ID}" if DEVICE_ID else DEVICE  # 组合 CUDA 设
备信息
```

```python
# 清理 GPU 内存函数
def torch_gc():
    if torch.cuda.is_available():                    # 检查是否可用 CUDA
        with torch.cuda.device(CUDA_DEVICE):         # 指定 CUDA 设备
            torch.cuda.empty_cache()                 # 清空 CUDA 缓存
            torch.cuda.ipc_collect()                 # 收集 CUDA 内存碎片


# 创建 FastAPI 应用
app = FastAPI()

# 处理 POST 请求的端点
@app.post("/")
async def create_item(request: Request):
    global model, tokenizer                          # 声明全局变量以便在函数内部使用模
型和分词器
    json_post_raw = await request.json()             # 获取 POST 请求的 JSON 数据
    json_post = json.dumps(json_post_raw)            # 将 JSON 数据转换为字符串
    json_post_list = json.loads(json_post)           # 将字符串转换为 Python 对象
    prompt = json_post_list.get('prompt')            # 获取请求中的提示

    messages = [
            {"role": "system", "content": "You are a helpful assistant."},
            {"role": "user", "content": prompt}
    ]

    # 调用模型进行对话生成
    input_ids = tokenizer.apply_chat_template(messages,tokenize=False,add_
generation_prompt=True)
    model_inputs = tokenizer([input_ids], return_tensors="pt").to('cuda')
    generated_ids = model.generate(model_inputs.input_ids,max_new_tokens=512)
    generated_ids = [
```

```
        output_ids[len(input_ids):] for input_ids, output_ids in zip(model_
inputs.input_ids, generated_ids)
    ]
    response = tokenizer.batch_decode(generated_ids, skip_special_tokens=
True)[0]
    now = datetime.datetime.now()              # 获取当前时间
    time = now.strftime("%Y-%m-%d %H:%M:%S")    # 格式化时间为字符串
    # 构建响应 JSON
    answer = {
        "response": response,
        "status": 200,
        "time": time
    }
    # 构建日志信息
    log = "[" + time + "] " + '", prompt:"' + prompt + '", response:"' + repr
(response) + '"'
    print(log)          # 打印日志
    torch_gc()          # 执行 GPU 内存清理
    return answer       # 返回响应


# 主函数入口
if __name__ == '__main__':
    # 加载预训练的分词器和模型
    model_name_or_path = '/root/autodl-tmp/qwen/Qwen2.5-7B-Instruct'
    tokenizer = AutoTokenizer.from_pretrained(model_name_or_path, use_fast=
False)
    model = AutoModelForCausalLM.from_pretrained(model_name_or_path, device_
map="auto", torch_dtype=torch.bfloat16)

    # 启动 FastAPI 应用
    # 用 6006 端口可以将 autodl 的端口映射到本地，从而在本地使用 api
```

```
uvicorn.run(app, host='0.0.0.0', port=6006, workers=1)   # 在指定端口和主机
上启动应用
```

注意，将 model_name_or_path 修改为模型下载路径。

12.1.3   API 部署

在终端输入以下命令启动 API 服务。

```
cd /root/autodl-tmp
python api.py
# or
python /root/autodl-tmp/api.py
```

默认部署在 6006 端口，通过 POST 方法调用，可以使用 curl 调用，代码如下。

```
curl -X POST "http://127.0.0.1:6006" \
    -H 'Content-Type: application/json' \
    -d '{"prompt": "你好"}'
```

也可以使用 Python 的 requests 库调用，代码如下。

```
import requestsimport json
def get_completion(prompt):
    headers = {'Content-Type': 'application/json'}
    data = {"prompt": prompt}
    response = requests.post(url='http://127.0.0.1:6006', headers=headers,
data=json.dumps(data))
    return response.json()['response']
if __name__ == '__main__':
    print(get_completion('你好'))
```

得到的返回值如下。

```
{'response': '你好！很高兴为你提供帮助。你可以问我任何问题。', 'status': 200,
'time': '2024-09-19 10:13:08'}
```

12.2　大模型的接入与配置

大模型具备强大的自然语言处理能力，在实际应用中可以通过配置相应的 API 接口来调用模型。在项目中，模型的接入主要依赖于 ChatSparkLLM 客户端，通过配置 API URL、App ID、API 密钥等参数，实现与星火模型的连接。

- **环境配置**：为确保配置的灵活性和安全性，所有重要的 API 密钥和配置参数都通过环境变量进行管理。使用 dotenv 库加载这些环境变量，可以避免将敏感信息直接暴露在代码中。
- **客户端初始化**：通过初始化 ChatSparkLLM，可以在应用中创建与星火模型的会话实例。此实例支持同步和异步的问答模式，满足不同场景下的需求。

环境配置如下。

- 讯飞星火地址：https://www.xfyun.cn/doc/spark/Web.html
- chat 接口：ws(s)://spark-api.xf-yun.com/v2.1/chat

使用如下命令安装依赖。

```
pip install spark_ai_python
```

12.2.1　单次问答接口的实现

单次问答是最常见的 AI 会话场景，用户输入问题后，系统生成对应的回答并返回结果。这个过程通常包括以下步骤。

- **用户输入处理**：用户提交问题后，系统将问题包装为请求数据，传递给 AI 模型处理。

- **模型生成响应**：模型根据用户输入的上下文生成答案，通过回调函数实时接收模型输出的数据块。

- **结果返回**：系统将生成的答案返回给前端，完成一次问答。

这种方式适用于简单的知识问答和信息检索等场景，具有高效、快速响应的特点，具体实现代码如下。

```python
#!/usr/bin/env python3
# -*-coding:utf-8 -*
"""
-------------------------------------------------
# @File :chat_views
-------------------------------------------------
"""


"""
接入讯飞星火大模型，撰写 AI 会话交互接口信息
"""


import os
from fastapi import APIRouter, HTTPException
from pydantic import BaseModel
from sparkai.llm.llm import ChatSparkLLM, ChunkPrintHandler, AsyncChunk
PrintHandler
from sparkai.core.messages import ChatMessage
from dotenv import load_dotenv

# 加载环境变量
load_dotenv()

# 配置
```

```python
SPARKAI_URL = os.getenv('SPARKAI_URL', 'ws(s)://spark-api.xf-yun.com/
v2.1/chat')
SPARKAI_APP_ID = os.getenv('SPARKAI_APP_ID', '155404aa')
SPARKAI_API_SECRET = os.getenv('SPARKAI_API_SECRET', 'ZTAyZjcyN2RlNmVkNzc
5Y2JiYWU0OTU2')
SPARKAI_API_KEY = os.getenv('SPARKAI_API_KEY', '225536d1f9d2061595be0a4d
9ef59695')
SPARKAI_DOMAIN = os.getenv('SPARKAI_DOMAIN', 'generalv3.5')

router = APIRouter()

class ChatRequest(BaseModel):
    message: str

class StreamChatRequest(BaseModel):
    session_id: str
    message: str

# 初始化 Spark AI 客户端
spark = ChatSparkLLM(
    spark_api_url=SPARKAI_URL,
    spark_app_id=SPARKAI_APP_ID,
    spark_api_key=SPARKAI_API_KEY,
    spark_api_secret=SPARKAI_API_SECRET,
    spark_llm_domain=SPARKAI_DOMAIN,
    request_timeout=30,
    streaming=True,
)

sessions = {}

@router.post("/ask")
async def ask(chat_request: ChatRequest):
```

```
try:
    messages = [ChatMessage(role="user", content=chat_request.message)]
    handler = ChunkPrintHandler()
    response = spark.generate([messages], callbacks=[handler])
    if not response:
        raise ValueError("Empty response from AI service")
    return {"response": response}
except Exception as e:
    print("Error in /ask: %s", str(e))
    raise HTTPException(status_code=500, detail=str(e))
```

成功配置 API key 后访问接口地址，输入问答内容到 json，单次问答测试如图 12.1 所示。

图 12.1　单次问答测试

12.2.2　流式问答与多轮对话

除了单次问答，系统还支持流式交互模式，适用于需要持续对话的场景。在流式问答中，用户和系统之间可以进行多轮对话，保持上下文的一致性。

- **会话管理**：在流式问答中，通过 session_id 标识不同的用户会话。系统为每个会话维护消息记录，确保在多轮对话中模型能够参考前文上下文进行回答。
- **流式响应处理**：使用异步处理机制（如 AsyncChunkPrintHandler），系统可以边生成边输出回答，提升用户体验。模型生成的每个数据块都会被立即发送给前端，实现更自然的交互体验。

这种多轮对话的实现使得应用可以支持更复杂的问答场景，如持续的客户支持或信息咨询，代码实现如下。

```
@router.post("/ask_stream")
async def ask_stream(stream_request: StreamChatRequest):
    try:
        session_id = stream_request.session_id
        user_message = stream_request.message

        if session_id not in sessions:
            sessions[session_id] = []

        sessions[session_id].append(ChatMessage(role="user",
content=user_message))

        handler = AsyncChunkPrintHandler()
        responses = []
        async for response in spark.astream(sessions[session_id], config=
{"callbacks": [handler]}):
            if response and isinstance(response, str):
                sessions[session_id].append(ChatMessage(role="assistant",
content=response))
```

```
                responses.append(response)

        if not responses:
            raise ValueError("Empty response from AI service")

        return {"response": responses[-1]}
    except Exception as e:
        print("Error in /ask_stream: %s", str(e))
        raise HTTPException(status_code=500, detail=str(e))
```

13 chapter

第13章
MCP 服务器开发

模型上下文协议（Model Context Protocol，MCP）是一种开放标准协议，用于让 Claude、GPT 等大模型 AI 助手与外部工具和数据源进行连接和交互。MCP 本质上是一座桥梁，让 AI 模型能够"触摸"现实世界的数据和工具。

13.1　MCP 的核心概念

MCP 采用客户端-服务器架构，包括的主要组件如图 13.1 所示。

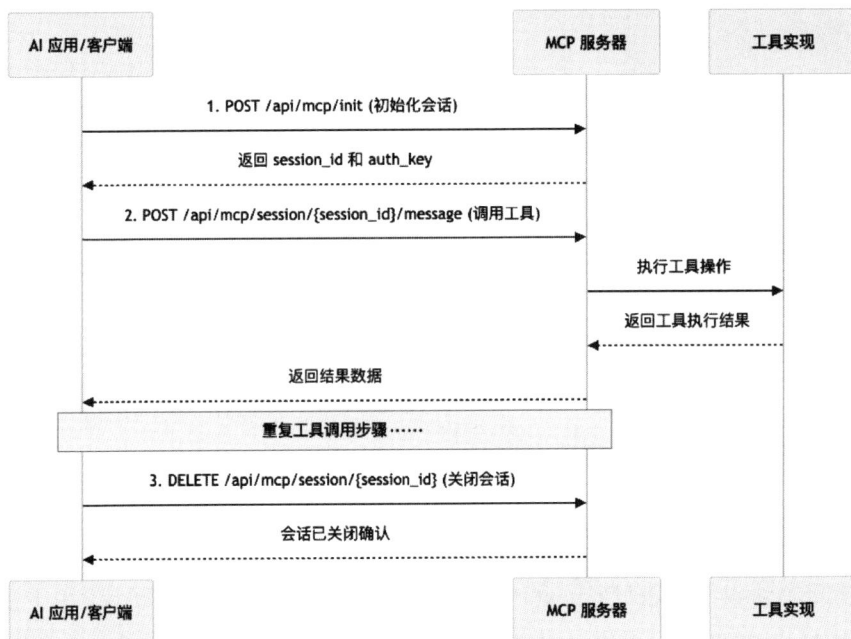

图 13.1　MCP 架构图

13.2　为什么要使用 MCP

首先，MCP 为 AI 模型提供了实时数据访问的能力。传统的 AI 模型只能基于预先存在的训练数据进行操作，无法直接获取和处理最新的动态信息。而通过 MCP 的桥梁作用，AI 模型可以实时访问和使用最新的数据库、在线信息源和传感器数据。这一特性在快速变化的市场环境中尤为重要，可以帮助企业做出及时和准确的数据驱动决策。

其次，MCP 解决了 AI 模型的执行能力局限性。通常，AI 模型受限于其执行环境，无法直接进行复杂的文件操作或网络请求。而 MCP 通过提供一系列函数和 API，允许 AI 模型脱离这些限制，扩展其功能，执行更广泛的任务。这意味着在设计复杂的系统时，开发人员无须再担心 AI 模型在执行层面的瓶颈。

此外，MCP 通过整合专业工具，使 AI 模型能够利用现有的商业软件及数据分析工具（如 Excel 等）进行复杂的数据处理和分析。这种整合不仅提升了 AI 模型的计算能力，还提高了系统的灵活性和适用性，使其能够适应更多的应用场景。

最后，MCP 提供的标准化集成接口大大简化了 AI 系统与各类外部工具和平台的集成难度。通过统一的接口，开发人员可以更轻松地将 AI 模型嵌入各种复杂的商业生态系统中，从而提高开发效率并减少可能的集成错误。

根据 MCP 规范，服务器可以提供三种核心对象，如表 13.1 所示。

表 13.1　MCP 核心对象

能力类型	说明	用途
资源	API 响应或文件内容等静态数据	为 LLM 提供上下文信息
工具	可被 LLM 调用的函数	执行特定任务，如数据处理、外部调用
提示词	预编写的模板	帮助用户完成特定任务

MCP 这一概念的火热也让众多 IDE 和框架积极投身于这一领域。其中，Claude 桌面应用和 Continue 提供了最全面的 MCP 支持，包括资源、提示词模板和工具集成，使其能够深度整合本地工具和数据源。

Cursor、Zed、Windsurf Editor、Theia IDE 等代码编辑器和 IDE 通过 MCP 增强了开发工作流程，提供了智能代码生成、AI 辅助编码等功能。

在官网（https://modelcontextprotocol.io/examples）的示例中，可以看到越来越多的组织开始积极拥抱 MCP。

目前，通过 MCP 可以进行本地文件、云端文件的修改，Git 相关仓库的阅读与更改，基于 Puppeteer 进行浏览器自动化和网页抓取，甚至通过 EverArt 的相关服务即可进行图像生成。更多有关 MCP 的服务请查看本文档（https://github.com/punkpeye/awesome-mcp-servers）。

虽然，MCP 的文档中将 MCP 称为 AI 界的 USB-C，使用 MCP 意味着你的协议可以用于所有的 AI 应用。但是，USB-C 也没有办法做到真正的大一统，不同厂商之间还是存在着不同。所以，"MCP 可能统一，但是 MCP 统一不太可能"。现在，针对不同的 AI 终端，每个 MCP 支持的能力也不尽相同。

13.3　使用 FastAPI 构建 Excel 操作的 MCP 服务器

13.3.1　创建 MCP 应用框架

首先，创建一个简洁的项目，使用 FastAPI 构建的 MCP 应用集成了多种工具和服务，旨在提供高效的数据处理和分析解决方案。该项目的结构如下。

```
fastapi-mcp/
├── data/
│    ├── excel/                    # Excel 文件存储目录
│    └── csv/                      # CSV 文件存储目录
├── src/
│    ├── fastapi_mcp/
│    │    ├── core/
│    │    │    ├── __init__.py
│    │    │    ├── config.py        # 配置文件
│    │    │    └── mcp.py           # MCP 核心实现
│    │    ├── services/
│    │    │    ├── __init__.py
│    │    │    ├── csv_tool.py       # CSV 工具实现
│    │    │    ├── daily_quote.py    # 每日鸡汤服务
│    │    │    ├── deepseek_tool.py  # DeepSeek AI 工具
│    │    │    ├── excel_tool.py     # Excel 工具实现
│    │    │    └── weather_tool.py   # 天气服务工具
│    │    └── __init__.py
```

```
|       └──── main.py                    # FastAPI 应用入口
├──── tests/
|     ├──── __init__.py
|     ├──── data/
|     |     └──── excel/                 # 测试所用的 Excel 文件
|     ├──── simple_test.py               # 简单连接测试
|     ├──── test_deepseek_mcp.py         # DeepSeek 功能测试
|     └──── test_excel_mcp.py            # Excel 功能测试
├──── .env                               # 环境变量配置（可选）
├──── .gitignore                         # Git 忽略文件
├──── .pdm-python                        # PDM Python 解释器路径
├──── README.md                          # 项目说明文档
├──── pyproject.toml                     # PDM 项目配置
├──── requirements-dev.txt               # 开发依赖
└──── requirements.txt                   # 项目依赖
```

安装必要依赖项，创建 requirements.txt 文件，包含以下依赖。

```
python-multipart
fastapi>=0.115.12
pydantic-settings>=2.9.1
pydantic>=2.6.3
pandas>=2.2.3
uvicorn>=0.34.2
httpx>=0.28.1
openpyxl>=3.1.5
```

执行 pip install -r requirements.txt 命令安装依赖。

创建配置文件。首先，创建配置文件管理应用设置，创建 core/config.py 文件，示例代码如下。

```
#!/usr/bin/env python3
# -*-coding:utf-8 -*
from typing import Optional, List
```

```python
from pydantic_settings import BaseSettings, SettingsConfigDict
from pydantic import Field

class Settings(BaseSettings):
    # 项目基本配置
    PROJECT_NAME: str = "FastAPI MCP Server"
    API_PREFIX: str = "/api"
    DEBUG: bool = True
    # 数据目录
    EXCEL_FILES_DIR: str = "./data/excel"
    CSV_FILES_DIR: str = "./data/csv"

    # MCP 相关配置
    ALLOWED_TOOLS: List[str] = [
        "excel_list", "excel_read", "excel_info",
        "csv_read", "csv_visualize", "csv_aggregate", "csv_list",
        "daily_quote", "random_quote", "weather","text_analyze",
    ]
    # DeepSeek API 配置 这里主要是需要配置 deepseek 的 apikey
    DEEPSEEK_API_KEY: Optional[str] = None
    DEEPSEEK_API_URL: str = "https://api.deepseek.com/v1/chat/completions"

    # n8n 集成设置
    N8N_INTEGRATION_ENABLED: bool = False
    N8N_URL: str = "http://localhost:5678/"
    model_config = SettingsConfigDict(env_file=".env", case_sensitive=True)

settings = Settings()
```

13.3.2　创建 MCP 核心组件

创建 MCP 的核心组件，在 core 目录下创建 mcp.py 文件，这是本项目的核心组件。MCP

核心组件主要包括三个部分：工具定义、会话管理和消息处理。以下是对每个部分的详细说明。

1. 工具定义

ToolDefinition 类用于描述和管理不同的工具。每个工具定义包括工具的名称、执行的函数、描述以及参数模式。其主要职责如下。

- 初始化工具：接收工具名称、执行函数、描述和参数模式，并进行初始化。
- 执行工具函数：根据提供的参数执行工具函数。如果工具函数是异步的，则使用事件循环运行它。
- 转换为字典：将工具定义转换为字典形式，使其可以方便地进行传输和展示。

示例代码如下。

```python
#!/usr/bin/env python3
# -*-coding:utf-8 -*
import asyncio
import inspect
import uuid
from typing import Any, Dict, List, Optional, Callable, Type
from pydantic import BaseModel, Field

from .config import settings
class ToolDefinition:
    """工具定义类"""

    def __init__(self,
            name: str,
            function: Callable,
            description: str = "",
            params_schema: Optional[Type[BaseModel]] = None):
        self.name = name
        self.function = function
        self.description = description
```

```python
        self.params_schema = params_schema

    def execute(self, **kwargs) -> Dict[str, Any]:
        """执行工具函数"""
        try:
            # 如果有参数模式，验证参数
            if self.params_schema:
                # 从 kwargs 创建模型实例，这会验证参数
                params = self.params_schema(**kwargs)
                # 将验证后的参数转换为字典
                validated_params = params.model_dump()
                # 使用验证后的参数调用函数
                result = self.function(**validated_params)
            else:
                # 没有参数模式，直接调用函数
                result = self.function(**kwargs)

            # 检查结果是否是协程（异步函数的返回值）
            if inspect.iscoroutine(result):
                # 如果是协程，使用事件循环运行它
                try:
                    loop = asyncio.get_event_loop()
                except RuntimeError:
                    # 如果没有事件循环，则创建一个新的事件循环
                    loop = asyncio.new_event_loop()
                    asyncio.set_event_loop(loop)

                # 运行协程并获取结果
                if loop.is_running():
                    # 如果事件循环已经在运行，则创建一个新的事件循环来运行协程
                    # 这在 FastAPI 这样的异步框架中是必要的
                    result = asyncio.run_coroutine_threadsafe(result, loop).
result()
                else:
```

```
            # 如果事件循环没有运行,则直接使用它来运行协程
            result = loop.run_until_complete(result)

        return result
    except Exception as e:
        # 捕获任何异常并返回错误信息
        # 可以在这里添加日志记录
        print(f"工具执行错误: {str(e)}")
        raise

def to_dict(self) -> Dict[str, Any]:
    """转换工具定义为字典"""
    result = {
        "name": self.name,
        "description": self.description,
    }

    # 如果有参数模式,则添加参数信息
    if self.params_schema:
        # 检查 params_schema 是否为类而不是函数
        if hasattr(self.params_schema, 'model_json_schema'):
            schema = self.params_schema.model_json_schema()
            result["parameters"] = schema.get("properties", {})
            result["required"] = schema.get("required", [])
        else:
            # 如果是函数或其他类型,则添加简单的参数描述
            result["parameters"] = {"message": "参数结构无法解析"}

    return result
```

2. 会话管理

MCPSession 类用于管理用户会话,支持多个工具的并发使用。会话管理包括以下关键功能。

- 创建会话：生成唯一的会话 ID 和认证密钥，维护会话的连接状态。
- 验证认证：检查给定的认证密钥是否有效。
- 断开连接：更改会话状态为断开连接。
- 转换为字典：将会话信息转换为字典格式，便于传输和展示。

示例代码如下。

```python
class MCPSession:
    """MCP 会话管理"""

    def __init__(self):
        self.session_id = str(uuid.uuid4())
        self.auth_key = str(uuid.uuid4())
        self.supported_tools: List[str] = []
        self.connected = True

    def verify_auth(self, auth_key: str) -> bool:
        return self.auth_key == auth_key

    def disconnect(self):
        self.connected = False

    def to_dict(self) -> Dict[str, Any]:
        return {
            "session_id": self.session_id,
            "auth_key": self.auth_key,
            "supported_tools": self.supported_tools,
            "connected": self.connected
        }


class MCPMessage(BaseModel):
    """MCP 消息模型"""
```

```
message_id: str = Field(default_factory=lambda: str(uuid.uuid4()))
tool_name: str
arguments: Dict[str, Any] = {}
authentication_key: Optional[str] = None
error: Optional[str] = None
result: Optional[Dict[str, Any]] = None
```

3. 消息处理

MCPHandler 类是 MCP 的核心消息处理器，其主要功能如下。

- 创建会话：创建新的会话并注册支持的工具。
- 获取会话：根据会话 ID 获取对应的会话信息。
- 注册工具：将工具函数注册到处理器中，构建工具定义并存储。
- 获取工具定义：返回已注册的所有工具定义，供客户端查询和使用。
- 处理消息：根据收到的消息和会话 ID，验证会话和认证信息，执行相应的工具，并返回结果或错误信息。

示例代码如下。

```
class MCPHandler:
    """MCP 消息处理器"""

    def __init__(self):
        self._sessions: Dict[str, MCPSession] = {}
        self._tools: Dict[str, ToolDefinition] = {}

    def create_session(self) -> MCPSession:
        session = MCPSession()
        session.supported_tools = list(self._tools.keys())
        self._sessions[session.session_id] = session
        return session

    def get_session(self, session_id: str) -> Optional[MCPSession]:
```

```python
        return self._sessions.get(session_id)

    def register_tool(self,
                      tool_name: str,
                      tool_func: Callable,
                      description: str = "",
                      params_schema: Optional[Type[BaseModel]] = None,
                      force: bool = False) -> None:
        """注册工具函数，当 force=True 时会覆盖已存在的工具"""
        if tool_name in self._tools and not force:
            # 如果工具已经注册且不强制覆盖，则跳过注册
            print(f"工具 {tool_name} 已经注册，跳过注册")
            return

        # 验证 params_schema 是否为 Pydantic 模型类
        if params_schema is not None and not (isinstance(params_schema, type)
and issubclass(params_schema, BaseModel)):
            print(f"警告：工具 {tool_name} 的 params_schema 不是 Pydantic BaseModel
类，将被设置为 None")
            params_schema = None

        # 创建工具定义
        tool_def = ToolDefinition(
            name=tool_name,
            function=tool_func,
            description=description,
            params_schema=params_schema
        )

        self._tools[tool_name] = tool_def

    def get_tool_definitions(self) -> Dict[str, Dict[str, Any]]:
        """获取所有工具定义"""
```

```python
        return {name: tool.to_dict() for name, tool in self._tools.items()}

    def process_message(self, message: MCPMessage, session_id: str) ->
MCPMessage:
        session = self.get_session(session_id)
        if not session:
            return MCPMessage(
                message_id=message.message_id,
                tool_name=message.tool_name,
                error=f"会话 {session_id} 不存在"
            )

        if not session.connected:
            return MCPMessage(
                message_id=message.message_id,
                tool_name=message.tool_name,
                error=f"会话 {session_id} 已断开连接"
            )

        if not session.verify_auth(message.authentication_key):
            return MCPMessage(
                message_id=message.message_id,
                tool_name=message.tool_name,
                error="无效的认证密钥"
            )

        if message.tool_name not in self._tools:
            return MCPMessage(
                message_id=message.message_id,
                tool_name=message.tool_name,
                error=f"工具 {message.tool_name} 未注册"
            )
```

```
try:
    # 获取工具定义
    tool = self._tools[message.tool_name]
    # 执行工具
    result = tool.execute(**message.arguments)

    # 检查结果是否包含错误信息
    if isinstance(result, dict) and "error" in result:
        print(f"工具执行返回错误: {result['error']}")
        return MCPMessage(
            message_id=message.message_id,
            tool_name=message.tool_name,
            error=result["error"],
            result=None
        )

    # 构建响应
    return MCPMessage(
        message_id=message.message_id,
        tool_name=message.tool_name,
        result=result
    )
except Exception as e:
    import traceback
    error_detail = traceback.format_exc()
    print(f"工具调用错误: {str(e)}\n{error_detail}")
    return MCPMessage(
        message_id=message.message_id,
        tool_name=message.tool_name,
        error=f"工具调用错误: {str(e)}"
    )
```

```
# 全局 MCP 处理器实例
mcp_handler = MCPHandler()
```

在具体实现中，MCP 核心组件通过以下步骤确保工具的高效调用和管理。

- 通过调用 register_tool 方法，开发者可以将工具函数注册到 MCP 中，并提供详细的工具描述和参数模式。
- create_session 方法用于创建新的会话，生成并维护会话信息。通过 get_session 方法，可以检索现有会话。
- 消息处理是 MCP 的核心功能，通过 process_message 方法处理来自客户端的消息。该方法验证会话和认证信息，查找工具定义，并执行工具函数。最终结果或错误信息会打包成 MCPMessage 对象返回给客户端。

这种模块化设计确保了系统的高度可扩展性和灵活性，使得开发者能够方便地集成各类工具和服务，并为用户提供高效的计算平台。

13.3.3　实现 MCP 工具服务

基于图 13.2 的 MCP 工具链设计，我们将通过分层实现，AI 应用/客户端的 services/excel_tool.py 提供原子能力，工具集封装 LLM 可调用的标准化接口，MCP 服务器管理 Excel 模板等静态数据，该实现严格遵循 MCP 工具链规范。

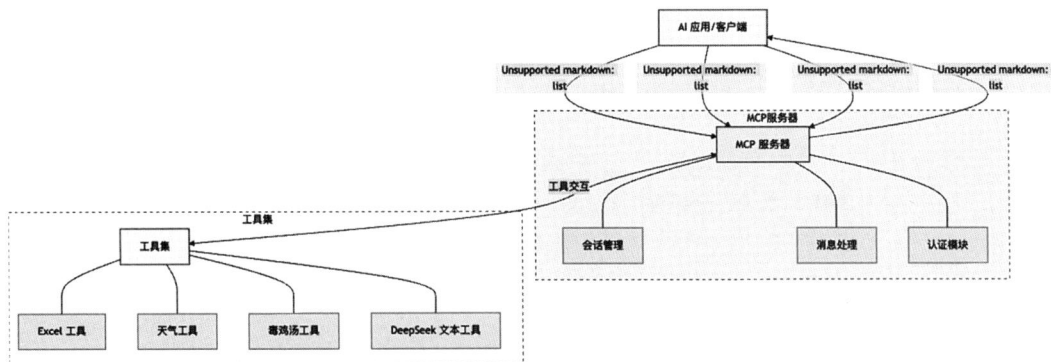

图 13.2　MCP 工具链图

在 services 下创建 excel_tool.py 文件，Excel 操作工具（MCP 工具链核心组件）代码如下。

```python
import os
import pandas as pd
from typing import Dict, List, Any, Optional

from src.fastapi_mcp.core.config import settings


def excel_list() -> Dict[str, Any]:
    """列出可用的 Excel 文件"""
    try:
        os.makedirs(settings.EXCEL_FILES_DIR, exist_ok=True)
        files = [f for f in os.listdir(settings.EXCEL_FILES_DIR)
                 if f.endswith(('.xlsx', '.xls'))]
        return {
            "files": files
        }
    except Exception as e:
        raise ValueError(f"列出 Excel 文件失败：{str(e)}")


def excel_read(file_name: str, sheet_name: Optional[str] = None) -> Dict[str, Any]:
    """读取 Excel 文件内容"""
    try:
        file_path = os.path.join(settings.EXCEL_FILES_DIR, file_name)
        if not os.path.exists(file_path):
            raise ValueError(f"文件 {file_name} 不存在")

        if sheet_name:
            df = pd.read_excel(file_path, sheet_name=sheet_name)
```

```
        else:
            # 读取第一个工作表
            df = pd.read_excel(file_path)

        # 将 DataFrame 转换为字典
        records = df.to_dict(orient='records')
        columns = df.columns.tolist()

        return {
            "file_name": file_name,
            "sheet_name": sheet_name or "默认工作表",
            "columns": columns,
            "rows": records,
            "row_count": len(records)
        }
    except Exception as e:
        raise ValueError(f"读取 Excel 文件失败: {str(e)}")


def excel_info(file_name: str) -> Dict[str, Any]:
    """获取 Excel 文件信息"""
    try:
        file_path = os.path.join(settings.EXCEL_FILES_DIR, file_name)
        if not os.path.exists(file_path):
            raise ValueError(f"文件 {file_name} 不存在")

        # 读取所有工作表名称
        xl = pd.ExcelFile(file_path)
        sheet_names = xl.sheet_names

        # 获取每个工作表的大小
        sheets_info = []
        for sheet in sheet_names:
```

```
        df = pd.read_excel(file_path, sheet_name=sheet)
        sheets_info.append(
            {
                "name": sheet,
                "rows": len(df),
                "columns": len(df.columns),
                "column_names": df.columns.tolist()
            }
        )

    return {
        "file_name": file_name,
        "sheet_count": len(sheet_names),
        "sheets": sheets_info,
        "file_size_kb": round(os.path.getsize(file_path) / 1024, 2)
    }
except Exception as e:
    raise ValueError(f"获取 Excel 信息失败：{str(e)}")
```

创建一个 CSV 操作工具（csv_tool.py），该工具将被集成到 MCP 中，为用户提供读取、可视化、聚合和列出 CSV 文件的功能，代码如下。

```
import pandas as pd
import json
from typing import Dict, Any, List, Optional
import os
from pathlib import Path
import matplotlib.pyplot as plt
import io
import base64

# 数据文件存储目录
DATA_DIR = Path("./data/csv")
```

```python
os.makedirs(DATA_DIR, exist_ok=True)


def csv_read(file_path: str, delimiter: str = ",", encoding: str = "utf-
8") -> Dict[str, Any]:
    """
    读取 CSV 文件内容
    Args:
        file_path: CSV 文件路径（相对于 data/csv 目录）
        delimiter: 分隔符，默认为逗号
        encoding: 文件编码，默认为 UTF-8
    Returns:
        包含表格数据的字典
    """
    full_path = DATA_DIR / file_path

    if not full_path.exists():
        raise ValueError(f"文件不存在: {file_path}")
    try:
        df = pd.read_csv(full_path, delimiter=delimiter, encoding=encoding)
        # 转换为字典，并处理 NaN 值
        records = df.fillna("").to_dict(orient="records")
        # 获取表头信息
        columns = df.columns.tolist()
        # 获取基本统计信息
        stats = {
            "row_count": len(df),
            "column_count": len(df.columns),
            "columns": columns,
            "sample_rows": records[:5] if records else []
        }

        return {
            "stats": stats,
```

```
        "data": records[:100],  # 限制返回前 100 行，避免数据过大
        "truncated": len(records) > 100
    }


except Exception as e:
    raise ValueError(f"读取 CSV 文件失败：{str(e)}")


def csv_visualize(file_path: str, x_column: str, y_column: str,
            chart_type: str = "bar", title: str = "数据可视化") -> Dict
[str, Any]:
    """
    基于 CSV 数据创建可视化图表

    Args:
        file_path: CSV 文件路径
        x_column: X 轴列名
        y_column: Y 轴列名
        chart_type: 图表类型 (bar, line, scatter, pie)
        title: 图表标题

    Returns:
        包含 Base64 编码图像的字典
    """
    full_path = DATA_DIR / file_path
    if not full_path.exists():
        raise ValueError(f"文件不存在：{file_path}")
    try:
        df = pd.read_csv(full_path)
        if x_column not in df.columns:
            raise ValueError(f"列 '{x_column}' 不存在")
        if y_column not in df.columns:
            raise ValueError(f"列 '{y_column}' 不存在")
```

```python
        # 创建图表
        plt.figure(figsize=(10, 6))

        if chart_type == "bar":
            df.plot(kind="bar", x=x_column, y=y_column, title=title)
        elif chart_type == "line":
            df.plot(kind="line", x=x_column, y=y_column, title=title)
        elif chart_type == "scatter":
            df.plot(kind="scatter", x=x_column, y=y_column, title=title)
        elif chart_type == "pie":
            # 饼图需要特殊处理
            pie_data = df.set_index(x_column)[y_column]
            pie_data.plot(kind="pie", title=title)
        else:
            raise ValueError(f"不支持的图表类型：{chart_type}")
        plt.tight_layout()

        # 将图像转换为 Base64 编码的字符串
        buffer = io.BytesIO()
        plt.savefig(buffer, format="png")
        buffer.seek(0)
        img_str = base64.b64encode(buffer.read()).decode()
        plt.close()
        return {
            "image": img_str,
            "chart_type": chart_type,
            "title": title
        }

    except Exception as e:
        raise ValueError(f"可视化失败：{str(e)}")

def csv_aggregate(file_path: str, group_by: str, agg_column: str,
```

```
                   agg_func: str = "sum") -> Dict[str, Any]:
    """
    对 CSV 数据进行聚合操作

    Args:
        file_path: CSV 文件路径
        group_by: 分组列名
        agg_column: 聚合计算的列名
        agg_func: 聚合函数 (sum, mean, min, max, count)

    Returns:
        聚合结果
    """
    full_path = DATA_DIR / file_path

    if not full_path.exists():
        raise ValueError(f"文件不存在: {file_path}")

    try:
        df = pd.read_csv(full_path)
        if group_by not in df.columns:
            raise ValueError(f"列 '{group_by}' 不存在")
        if agg_column not in df.columns:
            raise ValueError(f"列 '{agg_column}' 不存在")

        # 验证聚合函数
        valid_funcs = ["sum", "mean", "min", "max", "count"]
        if agg_func not in valid_funcs:
            raise ValueError(f"不支持的聚合函数: {agg_func}. 支持的函数: {', '.
join(valid_funcs)}")

        # 执行聚合
```

```python
        grouped = df.groupby(group_by)[agg_column].agg(agg_func).reset_index()

        # 转换为记录列表
        result = grouped.to_dict(orient="records")
        return {
            "aggregation": result,
            "group_by": group_by,
            "agg_column": agg_column,
            "agg_func": agg_func
        }
    except Exception as e:
        raise ValueError(f"聚合操作失败: {str(e)}")


def csv_list() -> Dict[str, Any]:
    """
    列出可用的 CSV 文件

    Returns:
        可用文件列表
    """
    files = []
    for file_path in DATA_DIR.glob("**/*.csv"):
        rel_path = file_path.relative_to(DATA_DIR)
        files.append(str(rel_path))
    return {
        "files": files
    }
```

实现每日鸡汤工具，在 services 下创建 daily_quote.py 文件，保证每日返回的语录是一致的，代码如下。

```python
import random
import datetime
```

```python
from typing import Dict, Any

# 鸡汤语录集
QUOTES = [
    "每一个不曾起舞的日子，都是对生命的辜负。",
    "不要等待机会，而要创造机会。",
    "人生最大的敌人不是别人，而是自己的懒惰。",
    "成功不是将来才有的，而是从决定去做的那一刻起，持续累积而成。",
    "失败是成功之母，99%的失败都是由于没有做好充分的准备。",
    "当你感到悲哀痛苦时，最好是去学些东西。学习会使你永远立于不败之地。",
    "生活中最重要的不是你在何处，而是你在往何处去。",
    "人生如同一场旅行，重要的不是目的地，而是沿途的风景和看风景的心情。",
    "态度决定一切，实力捍卫态度。",
    "与其说是别人让你痛苦，不如说是你自己的修养不够。",
    "没有退路时，潜能就发挥出来了。",
    "即使是不成熟的尝试，也胜于胎死腹中的策略。",
    "人生没有彩排，每天都是现场直播。",
    "只要路是对的，就不怕路远。",
    "没有口水与汗水，就没有成功的泪水。",
    "所有的胜利与征服自己的胜利比起来，都是微不足道的。",
    "最可怕的敌人，就是没有坚强的信念。",
    "不要轻易说我尽力了，因为不是真正尽力，成功永远不会来。",
    "成功需要成本，时间也是一种成本，对时间的珍惜就是对成本的节约。",
    "过去不等于未来，没有失败，只有暂时停止成功。",
    "人生最大的错误是不断担心会犯错。",
    "当你没有借口的那一刻，就是你成功的开始。",
    "没有天生的信心，只有不断培养的信心。",
    "让未来到来，让过去过去。",
    "培养积极的心态，就是塑造开心的生活。"
]


def get_daily_quote() -> Dict[str, Any]:
```

```
    """
    获取每日鸡汤
    """
    today = datetime.datetime.now()
    date_str = today.strftime("%Y-%m-%d")

    # 使用当前日期作为种子，确保同一天返回相同的"每日鸡汤"
    seed = int(today.strftime("%Y%m%d"))
    random.seed(seed)
    # 随机选择一条鸡汤
    quote = random.choice(QUOTES)
    # 恢复随机数种子
    random.seed()
    return {
        "date": date_str,
        "quote": quote,
        "category": "inspiration"
    }


def get_random_quote(category: str = None) -> Dict[str, Any]:
    """
    获取随机鸡汤

    Args:
        category: (可选) 鸡汤类别，当前仅支持 inspiration

    Returns:
        包含鸡汤语录和相关信息的字典
    """
    quote = random.choice(QUOTES)
    return {
        "quote": quote,
```

```
        "category": "inspiration"
    }
```

13.3.4　配置 MCP 服务应用

需要创建 FastAPI 应用、FastAPI 主应用入口，启动服务，以及配置 MCP 服务，以保证相关工具链被正确引入、注册和使用。示例代码如下。

```
# main.py
from fastapi import FastAPI, HTTPException, Path, Body, Query, status
from fastapi.middleware.cors import CORSMiddleware
from pydantic import BaseModel
from typing import Dict, Any, List, Optional
from src.fastapi_mcp.core.config import settings
from src.fastapi_mcp.core.mcp import mcp_handler, MCPMessage
from src.fastapi_mcp.services.daily_quote import get_daily_quote, get_
random_quote
from src.fastapi_mcp.services.excel_tool import excel_list, excel_read,
excel_info
from src.fastapi_mcp.services.csv_tool import csv_list, csv_read,
csv_visualize,csv_aggregate

class MCPInitResponse(BaseModel):
    session_id: str
    auth_key: str
    supported_tools: List[str]
    tool_definitions: Dict[str, Any]

class MCPMessageResponse(BaseModel):
    message_id: str
    tool_name: str
    result: Dict[str, Any]
```

```python
class MCPMessageRequest(BaseModel):
    message_id: Optional[str] = None
    tool_name: str
    arguments: Dict[str, Any] = {}
    authentication_key: Optional[str] = None

app = FastAPI(
    title=settings.PROJECT_NAME,
    description="FastAPI MCP 服务器 - 用于大型语言模型的工具调用服务",
    version="0.1.0"
)

mcp_handler.register_tool(
    "csv_list",
    csv_list,
    "列出可用的 CSV 文件"
)
mcp_handler.register_tool(
    "csv_read",
    csv_read,
    "读取 CSV 文件内容"
)
mcp_handler.register_tool(
    "excel_info",
    excel_info,
    "获取 Excel 文件信息"
)
mcp_handler.register_tool(
    "excel_list",
    excel_list,
    "列出可用的 Excel 文件"
)
mcp_handler.register_tool(
```

```python
    "excel_read",
    excel_read,
    "读取 Excel 文件内容"
)
mcp_handler.register_tool(
    "csv_visualize",
    csv_visualize,
    "获取 CSV 可视化文件信息"
)

mcp_handler.register_tool(
    "csv_aggregate",
    csv_aggregate,
    "获取 CSV 聚合"
)
mcp_handler.register_tool(
    "daily_quote",
    get_daily_quote,
    "获取每日鸡汤"
)
mcp_handler.register_tool(
    "random_quote",
    get_random_quote,
    "获取随机鸡汤"
)
app.add_middleware(
    CORSMiddleware,
    allow_origins=["*"],
    allow_credentials=True,
    allow_methods=["*"],
    allow_headers=["*"],
)
@app.get("/")
```

```python
async def root():
    return {
        "status": "online",
        "service": settings.PROJECT_NAME,
        "version": app.version,
        "api_prefix": settings.API_PREFIX
    }


@app.get(f"{settings.API_PREFIX}/mcp/tools")
async def get_tools():
    return {
        "tools": list(mcp_handler.get_tool_definitions().keys()),
        "definitions": mcp_handler.get_tool_definitions()
    }


@app.post(
    f"{settings.API_PREFIX}/mcp/init",
    response_model=MCPInitResponse,
    status_code=status.HTTP_201_CREATED
)
async def init_session():
    """初始化 MCP 会话"""
    session = mcp_handler.create_session()
    return {
        "session_id": session.session_id,
        "auth_key": session.auth_key,
        "supported_tools": session.supported_tools,
        "tool_definitions": mcp_handler.get_tool_definitions()
    }


@app.post(
    f"{settings.API_PREFIX}/mcp/session/{{session_id}}/message",
```

```python
    response_model=MCPMessageResponse
)
async def process_message(
        message: MCPMessageRequest = Body(...),
        session_id: str = Path(...)
):
    mcp_message = MCPMessage(
        message_id=message.message_id or "",
        tool_name=message.tool_name,
        arguments=message.arguments,
        authentication_key=message.authentication_key
    )

    response = mcp_handler.process_message(mcp_message, session_id)
    if response.error:
        raise HTTPException(status_code=400, detail=response.error)
    return {
        "message_id": response.message_id,
        "tool_name": response.tool_name,
        "result": response.result
    }


@app.delete(f"{settings.API_PREFIX}/mcp/session/{{session_id}}")
async def close_session(session_id: str = Path(...)):
    session = mcp_handler.get_session(session_id)
    if not session:
        raise HTTPException(status_code=404, detail=f"会话 {session_id} 不
存在")
    session.disconnect()
    return {"message": f"会话 {session_id} 已关闭"}


if __name__ == "__main__":
    import uvicorn
```

```
    uvicorn.run(app='main:app', host='127.0.0.1', port=8735, reload=True,
workers=1)
```

13.3.5　测试 MCP 应用服务

运行服务器和测试 MCP。首先，要创建如下项目启动脚本。

```
# run.py
import uvicorn
if __name__ == "__main__":
    uvicorn.run("app.main:app", host="127.0.0.1", port=8735, reload=True)
```

然后，执行 python run.py 文件以运行 MCP 服务器，通过 API 接口与之交互。接下来，测试 MCP 服务器，代码如下。

```
import asyncio
import httpx

async def simple_test():
    try:
        async with httpx.AsyncClient() as client:
            response = await client.get("http://127.0.0.1:8735/docs")
            print(f"状态码: {response.status_code}")
            print("连接成功!")
    except Exception as e:
        print(f"连接失败: {e}")

if __name__ == "__main__":
    asyncio.run(simple_test())
```

运行结果如图 13.3 所示。

测试 MCP 服务运行实例。首先，编辑 tests/test_mcp.py 文件，该脚本演示了如何与 MCP

服务器进行交互，重点测试 Excel 文件的操作功能，代码如下。

```
/Users/jackfeng/item/py_dev/fastapi-mcp/.venv/bin/python /Users/jackfeng/item/py_dev/fastapi-mcp/tests/simple_test.py
状态码: 200
连接成功!
```

图 13.3　测试 MCP 服务状态

```python
#!/usr/bin/env python3
# -*- coding: utf-8 -*-
import asyncio
import httpx
import os
import pandas as pd
from pprint import pprint
from datetime import datetime


# 服务器地址
BASE_URL = "http://127.0.0.1:8735/api/mcp"


# 测试 Excel 文件路径
TEST_DATA_DIR = "./data/excel"
TEST_FILE_NAME = "test_data.xlsx"


async def create_test_excel():
    """创建测试用 Excel 文件"""
    print("创建测试用 Excel 文件...")
    os.makedirs(TEST_DATA_DIR, exist_ok=True)

    # 创建测试数据
    data = {
        '姓名': ['张三', '李四', '王五', '赵六', '钱七'],
        '年龄': [25, 30, 35, 40, 45],
        '部门': ['研发', '市场', '财务', '人事', '销售'],
        '工资': [15000, 12000, 18000, 9000, 20000],
```

```python
    '入职日期': [
        datetime(2020, 1, 15),
        datetime(2019, 5, 20),
        datetime(2018, 8, 10),
        datetime(2021, 3, 25),
        datetime(2017, 11, 5)
    ]
}

# 创建 DataFrame 并保存为 Excel
df = pd.DataFrame(data)
file_path = os.path.join(TEST_DATA_DIR, TEST_FILE_NAME)
df.to_excel(file_path, index=False)
print(f"测试文件已创建: {file_path}")
return file_path

async def test_excel_mcp():
    """测试 Excel MCP 服务器的功能"""
    print("\n===== 开始测试 Excel MCP 服务器 =====")

    # 首先创建测试文件
    await create_test_excel()
    async with httpx.AsyncClient(timeout=30.0) as client:
        # 0. 获取可用工具列表
        print("\n0. 获取可用工具列表")
        response = await client.get(f"{BASE_URL}/tools")
        if response.status_code != 200:
            print(f"获取工具列表失败: {response.status_code}")
            print(response.text)
            return

        tools_data = response.json()
        print("可用工具列表:")
```

```python
pprint(tools_data["tools"])
print("\n 工具定义:")
for tool_name, tool_def in tools_data["definitions"].items():
    print(f"- {tool_name}: {tool_def['description']}")


# 1. 初始化会话
print("\n1. 初始化 MCP 会话")
response = await client.post(f"{BASE_URL}/init")

if response.status_code != 201:
    print(f"初始化会话失败: {response.status_code}")
    print(response.text)
    return

session_data = response.json()
print("会话初始化成功:")
pprint(session_data)
session_id = session_data["session_id"]
auth_key = session_data["auth_key"]

# 2. 列出可用的 Excel 文件
print("\n2. 测试 excel_list 工具")
list_message = {
    "message_id": "test-list-1",
    "tool_name": "excel_list",
    "arguments": {},
    "authentication_key": auth_key
}

response = await client.post(
    f"{BASE_URL}/session/{session_id}/message",
    json=list_message
)
```

```python
if response.status_code != 200:
    print(f"列出 Excel 文件失败: {response.status_code}")
    print(response.text)
else:
    list_result = response.json()
    print("可用 Excel 文件:")
    pprint(list_result)

# 3. 获取 Excel 文件信息
print("\n3. 测试 excel_info 工具")
info_message = {
    "message_id": "test-info-1",
    "tool_name": "excel_info",
    "arguments": {"file_name": TEST_FILE_NAME},
    "authentication_key": auth_key
}

response = await client.post(
    f"{BASE_URL}/session/{session_id}/message",
    json=info_message
)

if response.status_code != 200:
    print(f"获取 Excel 信息失败: {response.status_code}")
    print(response.text)
else:
    info_result = response.json()
    print(f"文件 {TEST_FILE_NAME} 的信息:")
    pprint(info_result)

# 4. 读取 Excel 文件内容
print("\n4. 测试 excel_read 工具")
read_message = {
```

```python
    "message_id": "test-read-1",
    "tool_name": "excel_read",
    "arguments": {"file_name": TEST_FILE_NAME},
    "authentication_key": auth_key
}

response = await client.post(
    f"{BASE_URL}/session/{session_id}/message",
    json=read_message
)

if response.status_code != 200:
    print(f"读取 Excel 内容失败: {response.status_code}")
    print(response.text)
else:
    read_result = response.json()
    print(f"文件 {TEST_FILE_NAME} 的内容:")
    pprint(read_result)

    # 分析数据
    if read_result.get("result") and read_result["result"].get
("rows"):

        rows = read_result["result"]["rows"]
        total_salary = sum(row.get("工资", 0) for row in rows)
        avg_age = sum(row.get("年龄", 0) for row in rows) / len(rows)

        print("\n 数据分析:")
        print(f"员工总数: {len(rows)}")
        print(f"平均年龄: {avg_age:.1f}")
        print(f"总工资: {total_salary}")
        print(f"平均工资: {total_salary / len(rows):.2f}")

    # 5. 测试每日鸡汤
    print("\n5. 测试 daily_quote 工具")
```

```python
        quote_message = {
            "message_id": "test-quote-1",
            "tool_name": "daily_quote",
            "arguments": {},
            "authentication_key": auth_key
        }

        response = await client.post(
            f"{BASE_URL}/session/{session_id}/message",
            json=quote_message
        )

        if response.status_code != 200:
            print(f"获取每日鸡汤失败: {response.status_code}")
            print(response.text)
        else:
            quote_result = response.json()
            print("每日鸡汤:")
            pprint(quote_result)

    # 6. 测试错误处理 - 请求不存在的文件
    print("\n6. 测试错误处理 - 请求不存在的文件")
    error_message = {
        "message_id": "test-error-1",
        "tool_name": "excel_read",
        "arguments": {"file_name": "not_exist.xlsx"},
        "authentication_key": auth_key
    }

    response = await client.post(
        f"{BASE_URL}/session/{session_id}/message",
        json=error_message
    )
```

```python
        print(f"错误请求状态码: {response.status_code}")
        print("错误响应:")
        pprint(response.json())

    # 7. 关闭会话
    print("\n7. 关闭会话")
    response = await client.delete(f"{BASE_URL}/session/{session_id}")

    if response.status_code != 200:
        print(f"关闭会话失败: {response.status_code}")
        print(response.text)
    else:
        print("会话已成功关闭:")
        pprint(response.json())

    print("\n===== Excel MCP 服务器测试完成 =====")

if __name__ == "__main__":
    asyncio.run(test_excel_mcp())
```

第 14 章
FastMCP 框架与天气服务

14.1　FastMCP 框架概述

本章的案例基于 FastMCP 实现。FastMCP 是基于 Python 的 MCP 框架，它提供了一种简洁的方式来创建和管理 MCP 服务器。

在人工智能快速发展的今天，大模型的能力已经远超传统的自然语言处理系统。然而，这些模型往往被限制在训练数据的范围内，无法获取实时信息或执行特定操作。为了解决这一挑战，MCP 应运而生，它为 AI 模型提供了与外部工具和数据源交互的标准化方法。

本章将带你深入了解 MCP 的工作原理，通过一个天气服务示例，展示如何使用 FastMCP 框架构建高质量的、健壮的 AI 工具。无论你是 AI 开发者、数据科学家，还是对 AI 应用感兴趣的技术爱好者，本章都将帮助你掌握构建 AI 驱动应用的关键技能。

14.1.1　FastMCP 框架的优势

FastMCP 框架具有以下优势。

- 参数验证：使用 Pydantic 模型自动验证参数。
- 文档生成：工具定义包含描述和参数结构，方便生成文档。
- 错误处理：统一的错误处理机制。
- 模块化设计：工具可以单独定义和注册，便于扩展。

14.1.2　结构化参数模式

FastMCP 框架的重要特性之一是结构化参数模式，它使用 Pydantic 模型定义和验证工具参数，其优势如下。

- 自动验证：参数类型和范围自动验证。
- 文档友好：参数结构和约束在 API 文档中清晰可见。
- 错误提示：当参数验证失败时，提供明确的错误信息。
- IDE 支持：提供更好的代码补全和类型提示。

14.1.3　使用 FastMCP 框架开发工具

使用 FastMCP 框架开发新工具的一般步骤如下。

- 定义参数模型：使用 Pydantic 创建参数模型。
- 实现工具函数：创建实际执行操作的函数。
- 注册工具：向 MCP 处理器注册工具和参数模型。
- 测试：使用 MCP 接口测试工具功能。

在学习示例代码前，需要了解的概念如下。

- 工具：可被 AI 调用的功能，如查询天气、发送邮件等。
- 资源：AI 可以访问的数据，如配置信息、用户资料等。
- 上下文：在工具执行过程中提供额外功能的对象。

● 传输方式：MCP 服务器与客户端通信的方法，如 stdio（标准输入/输出）或 SSE（服务器发送事件）。

14.2　创建天气服务 MCP 服务器

在 MCP 架构中，通过集成多个智能体工具来扩展服务功能。在这一步骤中，利用在线 DeepSeek 大模型，通过 MCP 实现天气查询智能体，该智能体使用 DeepSeek 模型来获取并处理全球城市的天气信息。此功能由 server.py 文件实现，其中通过 OpenWeather API 为用户提供实时天气查询。

14.2.1　安装环境

安装必要的 Python 包，命令如下。

```
pip install -i https://pypi.tuna.tsinghua.edu.cn/simple mcp openai python-
dotenv httpx
```

14.2.2　申请 DeepSeek 的 API key

打开 DeepSeek API 开放平台（https://platform.deepseek.com/），注册账户，申请 API key，如图 14.1 所示。

14.2.3　申请 OpenWeather 的 API key

打开 OpenWeather，地址是 https://openweathermap.org/。注册账户，申请 API key（密

钥），如图 14.2 所示。

API keys

列表内是你的全部 API key，API key 仅在创建时可见可复制，请妥善保存。不要与他人共享你的 API key，或将其暴露在浏览器或其他客户端代码中。为了保护你的帐户安全，我们可能会自动禁用我们发现已公开泄露的 API key。我们未对 2024 年 4 月 25 日前创建的 API key 的使用情况进行追踪。

名称	Key	创建日期	最新使用日期		
chat_sx	sk-96f01********************26e8	2025-01-06	2025-04-10	✎	🗑
mcp	sk-9d033********************a56a	2025-04-23	-	✎	🗑

创建 API key

图 14.1 API key 配置界面

图 14.2 API 密钥界面

编辑环境配置文件，保存 API key。在 vi.env 文件中输入以下内容。

```
BASE_URL=https://api.deepseek.com
MODEL=deepseek-chat
OPENAI_API_KEY="DeepSeek API-Key"
WEATHER_API_KEY="YOUR_API_KEY"  # 替换为你的 OpenWeather API key


# 天气服务项目将包含以下文件:
├── src/
│   └── fastapi_mcp/
│       └── services/
│           ├── server.py          # MCP 服务器
```

```
│        └── client.py          # MCP 客户端
├── .env                        # 环境变量配置
└── docs/                       # 文档说明
```

14.3　配置 MCP 客户端

14.3.1　服务器端代码

天气服务器需要完成以下核心功能。

- 接收城市名称作为输入。
- 调用外部天气 API 获取天气数据。
- 格式化数据并返回给客户端。

代码如下。

```python
# 编辑 server.py 文件，OpenWeather MCP 服务器提供天气查询功能

import json
import os
import logging
from typing import Any, Dict, Optional

import httpx
from mcp.server.fastmcp import FastMCP, Context
from dotenv import load_dotenv

# 配置日志
logging.basicConfig(level=logging.INFO, format='%(asctime)s - %(name)s
- %(levelname)s - %(message)s')
```

```python
logger = logging.getLogger("weather_mcp")

# 加载环境变量
load_dotenv()

# 获取 API 密钥
API_KEY = os.getenv("WEATHER_API_KEY")
if not API_KEY:
    logger.error("未找到 OpenWeather API key，请在 .env 文件中设置 WEATHER_
API_KEY")
    raise ValueError("✖ 未找到 OpenWeather API key，请在 .env 文件中设置
WEATHER_API_KEY")

# API 配置
OPENWEATHER_API_BASE = "https://api.openweathermap.org/data/2.5/weather"
USER_AGENT = "weather-app/1.0"

# 初始化 MCP 服务器，添加说明和依赖项
mcp = FastMCP(
    name="WeatherServer",
    instructions="提供全球城市天气查询功能，请使用英文输入城市名称",
    dependencies=["httpx", "python-dotenv"]
)

class WeatherError(Exception):
    """天气查询错误类"""
    pass

async def fetch_weather(city: str) -> Dict[str, Any]:
    """
    从 OpenWeather API 获取天气信息

    Args:
```

```
    city: 城市名称（需使用英文，如 Beijing）

Returns:
    Dict[str, Any]: 天气数据字典

Raises:
    WeatherError: 当 API 请求失败时抛出
"""
params = {
    "q": city,
    "appid": API_KEY,
    "units": "metric",    # 使用摄氏度
    "lang": "zh_cn"       # 返回中文描述
}
headers = {"User-Agent": USER_AGENT}
logger.info(f"正在查询城市天气: {city}")

async with httpx.AsyncClient() as client:
    try:
        response = await client.get(
            OPENWEATHER_API_BASE,
            params=params,
            headers=headers,
            timeout=30.0
        )
        response.raise_for_status()
        return response.json()
    except httpx.HTTPStatusError as e:
        error_msg = f"HTTP 错误: {e.response.status_code}"
        if e.response.status_code == 404:
            error_msg = f"找不到城市: {city}"
        elif e.response.status_code == 401:
            error_msg = "API 密钥无效"
```

```python
        logger.error(error_msg)
        return {"error": error_msg}
    except httpx.RequestError as e:
        error_msg = f"请求错误: {str(e)}"
        logger.error(error_msg)
        return {"error": error_msg}
    except Exception as e:
        error_msg = f"未知错误: {str(e)}"
        logger.error(error_msg)
        return {"error": error_msg}


def format_weather(data: Dict[str, Any] | str) -> str:
    """
    将天气数据格式化为易读文本

    Args:
        data: 天气数据（字典或 JSON 字符串）

    Returns:
        str: 格式化后的天气信息字符串
    """
    # 如果传入的是字符串，则先转换为字典
    if isinstance(data, str):
        try:
            data = json.loads(data)
        except json.JSONDecodeError as e:
            logger.error(f"JSON 解析错误: {e}")
            return f"无法解析天气数据: {e}"

    # 如果数据中包含错误信息，则直接返回错误提示
    if "error" in data:
        return f"⚠ {data['error']}"
```

```python
try:
    # 提取数据时做容错处理
    city = data.get("name", "未知")
    country = data.get("sys", {}).get("country", "未知")
    temp = data.get("main", {}).get("temp", "N/A")
    feels_like = data.get("main", {}).get("feels_like", "N/A")
    temp_min = data.get("main", {}).get("temp_min", "N/A")
    temp_max = data.get("main", {}).get("temp_max", "N/A")
    humidity = data.get("main", {}).get("humidity", "N/A")
    pressure = data.get("main", {}).get("pressure", "N/A")
    wind_speed = data.get("wind", {}).get("speed", "N/A")
    wind_deg = data.get("wind", {}).get("deg", "N/A")
    clouds = data.get("clouds", {}).get("all", "N/A")
    # weather 可能为空列表，因此用 [0] 前先提供默认字典
    weather_list = data.get("weather", [{}])
    description = weather_list[0].get("description", "未知") if weather_
list else "未知"

    # 格式化返回结果
    return (
        f"🌍 **{city}, {country}**\n\n"
        f"🌡 **当前温度**: {temp}°C (体感温度: {feels_like}°C)\n"
        f"🌑 **温度范围**: {temp_min}°C ~ {temp_max}°C\n"
        f"💧 **湿度**: {humidity}%\n"
        f"🕐 **气压**: {pressure} hPa\n"
        f"🌬 **风速**: {wind_speed} m/s (方向: {wind_deg}°)\n"
        f"☁ **云量**: {clouds}%\n"
        f"🌧 **天气状况**: {description}\n"
    )
except Exception as e:
    logger.error(f"格式化天气数据错误: {e}")
    return f"格式化天气数据时出错: {str(e)}"
```

```python
@mcp.tool()
async def query_weather(city: str, ctx: Context) -> str:
    """
    查询指定城市的当前天气状况

    Args:
        city: 城市名称（请使用英文，例如: Beijing, New York, London）
        ctx: MCP 上下文对象

    Returns:
        str: 格式化后的天气信息
    """
    await ctx.info(f"正在查询城市 {city} 的天气...")
    data = await fetch_weather(city)

    if "error" in data:
        await ctx.error(f"查询天气失败: {data['error']}")
        return format_weather(data)

    await ctx.info(f"成功获取 {city} 的天气数据")
    return format_weather(data)

@mcp.resource("weather://{city}")
async def weather_resource(city: str) -> str:
    """
    获取指定城市的天气信息作为资源

    Args:
        city: 城市名称（请使用英文）

    Returns:
        str: 格式化后的天气信息
    """
```

```
    data = await fetch_weather(city)
    return format_weather(data)


if __name__ == "__main__":
    try:
        logger.info("正在启动天气 MCP 服务器...")
        # 不指定任何参数，使用默认配置运行
        mcp.run(transport='stdio')
    except Exception as e:
        logger.critical(f"服务器启动失败：{e}")
```

14.3.2　客户端代码

客户端需要实现以下功能。

● 连接到 MCP 服务器。

● 接收用户输入。

● 使用大语言模型判断是否需要调用天气工具。

● 调用工具并处理结果。

● 返回格式化的回答。

编辑 client.py 文件，编写以下代码，实现 MCP 服务客户端，通过大模型和 MCP 服务器交互。示例代码如下。

```
#!/usr/bin/env python3
# -*-coding:utf-8 -*
import asyncio
import os
import json
import sys
import argparse
import logging
```

```python
from typing import Optional, Dict, Any, List
from contextlib import AsyncExitStack
from openai import OpenAI
from openai.types.chat import ChatCompletion
from dotenv import load_dotenv
from mcp import ClientSession, StdioServerParameters
from mcp.client.stdio import stdio_client

# 配置日志
logging.basicConfig(level=logging.INFO, format='%(asctime)s - %(name)s - %(levelname)s - %(message)s')
logger = logging.getLogger("weather_mcp_client")

# 加载环境变量
load_dotenv()

class MCPClient:
    """MCP 客户端类，封装与 MCP 服务器交互的功能"""
    def __init__(self):
        """初始化 MCP 客户端"""
        self.exit_stack = AsyncExitStack()

        # 从环境变量加载配置
        self.openai_api_key = os.getenv("OPENAI_API_KEY")
        self.base_url = os.getenv("BASE_URL", "https://api.openai.com/v1")
        self.model = os.getenv("MODEL", "gpt-4-turbo")

        # 验证必要的环境变量
        if not self.openai_api_key:
            logger.error("未找到 OpenAI API key，请在 .env 文件中设置 OPENAI_API_KEY")
            raise ValueError("✖ 未找到 OpenAI API key，请在 .env 文件中设置 OPENAI_API_KEY")
```

```python
        # 创建 OpenAI 客户端
        logger.info(f"初始化 OpenAI 客户端，使用模型：{self.model}")
        self.client = OpenAI(api_key=self.openai_api_key, base_url=self.
base_url)

        # MCP 会话相关属性
        self.session: Optional[ClientSession] = None
        self.stdio = None
        self.write = None
        self.mcp_tools: List[Dict[str, Any]] = []

    async def connect_to_server(self, server_path: str):
        """
        连接到 MCP 服务器并列出可用工具

        Args:
            server_path: 服务器脚本路径

        Raises:
            ValueError: 当服务器路径无效或连接失败时
        """
        try:
            # 检查文件类型
            if not os.path.exists(server_path):
                raise ValueError(f"找不到服务器脚本：{server_path}")

            is_python = server_path.endswith('.py')
            is_js = server_path.endswith('.js')

            if not (is_python or is_js):
                raise ValueError("服务器脚本必须是.py 或.js 文件")

            command = "python" if is_python else "node"
```

```
        logger.info(f"正在通过 stdio 连接到服务器: {server_path}, 使用命令:
{command}")

        server_params = StdioServerParameters(
            command=command,
            args=[server_path],
            env=None
        )

        # 启动 MCP 服务器并建立通信
        stdio_transport = await self.exit_stack.enter_async_context(stdio_
client(server_params))
        self.stdio, self.write = stdio_transport

        # 创建客户端会话
        self.session = await self.exit_stack.enter_async_context(Client
Session(self.stdio, self.write))

        # 初始化连接
        await self.session.initialize()
        logger.info("已成功连接到 MCP 服务器")
        # 获取可用工具列表
        response = await self.session.list_tools()
        tools = response.tools
        # 记录工具信息
        tool_names = [tool.name for tool in tools]
        logger.info(f"服务器提供的工具: {', '.join(tool_names)}")
        # 转换工具定义为 OpenAI 兼容格式
        self.mcp_tools = [{
            "type": "function",
            "function": {
                "name": tool.name,
                "description": tool.description,
```

```
            "parameters": tool.inputSchema
        }
    } for tool in tools]
    return tool_names
except Exception as e:
    logger.error(f"连接服务器失败：{str(e)}", exc_info=True)
    raise ValueError(f"连接服务器失败：{str(e)}")


async def process_query(self, query: str) -> str:
    """
    使用大语言模型处理查询并调用 MCP 工具

    Args:
        query: 用户的查询文本

    Returns:
        str: 处理后的响应文本

    Raises:
        RuntimeError: 当处理查询时发生错误
    """
    if not self.session:
        raise RuntimeError("未连接到 MCP 服务器，请先调用 connect_to_server")

    try:
        logger.info(f"处理用户查询：{query}")
        messages = [{"role": "user", "content": query}]

        # 让大模型决定是否要调用工具
        logger.debug("向模型发送请求，以确定是否需要调用工具...")
        response = self.client.chat.completions.create(
            model=self.model,
            messages=messages,
```

```python
        tools=self.mcp_tools,
        tool_choice="auto"  # 让大模型决定是否调用工具
    )

    # 处理返回的内容
    content = response.choices[0]

    # 如果大模型决定调用工具
    if content.finish_reason == "tool_calls" and content.message.
tool_calls:
        tool_call = content.message.tool_calls[0]
        tool_name = tool_call.function.name

        # 解析工具参数
        try:
            tool_args = json.loads(tool_call.function.arguments)
        except json.JSONDecodeError as e:
            logger.error(f"解析工具参数失败：{e}")
            return f"处理请求时出错：无法解析工具参数（{e}）"

        logger.info(f"大模型决定调用工具：{tool_name}，参数：{tool_
args}")

        # 调用 MCP 工具
        try:
            result = await self.session.call_tool(tool_name, tool_args)
            if not result or not result.content:
                return "工具调用返回空结果"

            tool_result = result.content[0].text
            logger.info(f"工具调用成功，收到结果")
            logger.debug(f"工具返回：{tool_result[:100]}...")
        except Exception as e:
```

```python
        logger.error(f"调用工具失败: {str(e)}", exc_info=True)
        return f"调用工具 {tool_name} 失败: {str(e)}"

    # 将大模型返回的工具调用指令和工具结果添加到消息历史
    messages.append(content.message.model_dump())
    messages.append({
        "role": "tool",
        "content": tool_result,
        "tool_call_id": tool_call.id,
    })

    # 将工具结果发送回大模型以生成最终回答
    logger.debug("向大模型发送工具结果，请求最终回答...")
    response = self.client.chat.completions.create(
        model=self.model,
        messages=messages,
    )

    return response.choices[0].message.content

    # 如果大模型不调用工具，直接返回模型回答
    logger.info("大模型直接回答，未调用工具")
    return content.message.content

except Exception as e:
    logger.error(f"处理查询时出错: {str(e)}", exc_info=True)
    return f"处理请求时出错: {str(e)}"

async def chat_loop(self):
    """
    运行交互式聊天循环
    """
    logger.info("启动交互式聊天循环")
```

```python
        print("\n🤖 MCP 客户端已启动！输入 'quit' 或 'exit' 退出，输入 'help' 获
取帮助")

        while True:
            try:
                query = input("\n👤 你: ").strip()
                if not query:
                    continue

                if query.lower() in ('quit', 'exit'):
                    logger.info("用户请求退出")
                    break

                if query.lower() == 'help':
                    print("\n◆ 输入任何问题，AI 会判断是否需要调用天气工具")
                    print("◆ 例如：'北京今天的天气怎么样？'")
                    print("◆ 输入 'quit' 或 'exit' 退出")
                    continue

                print("\n🔄 正在处理...")
                response = await self.process_query(query)
                print(f"\n🤖 回复: {response}")

            except KeyboardInterrupt:
                logger.info("检测到键盘中断，正在退出...")
                print("\n👋 正在退出...")
                break
            except Exception as e:
                logger.error(f"聊天循环发生错误: {str(e)}", exc_info=True)
                print(f"\n⚠️ 发生错误: {str(e)}")

    async def cleanup(self):
```

```python
        """"清理资源"""
        logger.info("正在清理资源...")
        await self.exit_stack.aclose()
        logger.info("资源清理完成")


async def start_client(server_path: str, debug: bool = False):
    """
    简化的客户端启动函数

    Args:
        server_path: 服务器脚本路径
        debug: 是否启用调试日志
    """
    # 设置日志级别
    if debug:
        logger.setLevel(logging.DEBUG)
        logging.getLogger("mcp").setLevel(logging.DEBUG)

    # 创建客户端实例
    client = MCPClient()

    try:
        # 连接到服务器
        await client.connect_to_server(server_path)
        # 启动聊天循环
        await client.chat_loop()
    except Exception as e:
        logger.error(f"程序运行出错: {str(e)}", exc_info=True)
        print(f"\n❌ 错误: {str(e)}")
        sys.exit(1)
    finally:
        await client.cleanup()
```

```python
        print("\n🐱 感谢使用 MCP 天气服务客户端，再见！")

def run_client():
    """命令行入口点"""
    parser = argparse.ArgumentParser(description="MCP 天气服务客户端")
    parser.add_argument("server_path", help="服务器脚本路径", nargs="?",
default="server.py")
    parser.add_argument("--debug", help="启用调试日志", action="store_true")
    args = parser.parse_args()

    asyncio.run(start_client(args.server_path, args.debug))

# 简化的入口点，方便直接运行
if __name__ == "__main__":
    if len(sys.argv) > 1:
        server_script = sys.argv[1]
    else:
        server_script = "server.py"  # 默认连接到当前目录下的 server.py

    print(f"正在连接到服务器: {server_script}")
    asyncio.run(start_client(server_script))
```

14.4　MCP 服务应用

14.4.1　测试天气 MCP 服务

client.py 直接运行客户端，进入交互界面后自动连接到当前目录下的 server.py，如图 14.3 所示。

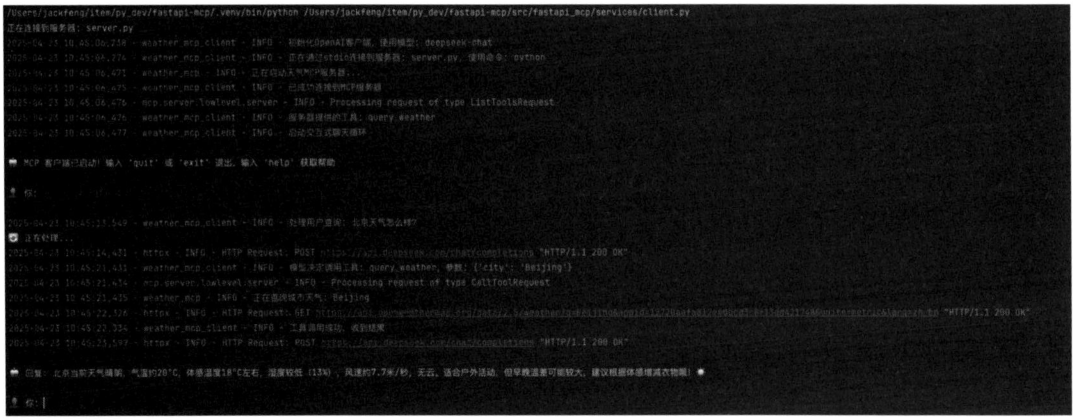

图 14.3　天气 MCP 服务测试示例

14.4.2　部署与集成

部署到 Claude Desktop。Claude Desktop 是一款强大的 AI 应用，支持直接集成 MCP 服务器，示例代码如下。

```
# 安装 CLI 工具
pip install fastmcp

# 安装 MCP 服务器到 Claude Desktop
fastmcp install src/fastapi_mcp/services/server.py
```

在此，还可以将 MCP 服务器作为独立服务运行，示例代码如下。

```
# 使用 stdio 方式运行
python src/fastapi_mcp/services/server.py

# 使用 SSE 方式运行
fastmcp run src/fastapi_mcp/services/server.py --transport sse --port 8080
```

MCP 服务器还可以与各种应用集成，示例代码如下。

```python
# 在 Python 应用中使用
from mcp import Client

async def get_weather():
    async with Client("path/to/server.py") as client:
        result = await client.call_tool("query_weather", {"city": "Beijing"})
        print(result.content[0].text)
```

15 chapter

第15章
FastAPI、n8n 与 DeepSeek
集成应用

在上一章中,我们介绍了 MCP 的基本概念,构建了独立的天气服务工具,并进行了各种 MCP 工具的开发。

本章将把这些知识整合起来,构建一个完整的 AI 驱动应用生态系统,通过集成 FastAPI、n8n 工作流平台和 DeepSeek,实现智能化的数据分析和处理流程。

本章的主要内容如下。

- n8n 工作流自动化平台介绍及其在 AI 应用中的价值。
- DeepSeek 大语言模型的智能分析能力及其 API 集成。
- FastAPI 与 n8n 的无缝集成。
- 使用 Docker 容器化部署整个应用栈。
- 构建端到端的 AI 驱动数据分析应用示例。

通过学习本章的内容,你将能够构建真正意义上的 AI 驱动应用,将人工智能的分析能力与自动化工作流无缝结合,为用户提供智能化的数据处理和分析服务。

15.1　n8n 工作流平台深度解析

15.1.1　n8n 概述与核心特性

n8n，官网为 https://n8n.io/，是一个功能强大的工作流自动化平台，支持连接各种服务和 API，创建自动化工作流，无须编写大量代码。相比于传统的开发方式，n8n 提供了更加直观、高效的工作流构建方式。

n8n 拥有 400 多个集成、原生 AI 功能，以及公平代码许可证，能够构建强大的自动化流程，同时完全掌控你的数据和部署。

n8n 包括以下核心特性。

- 开源与自托管：n8n 是完全开源的项目，可以免费下载并自托管，解决了数据隐私和安全问题。
- 可视化工作流编辑器：直观的拖放式界面，非技术人员也能快速创建复杂工作流。
- 丰富的集成生态：支持超过 200 种服务和应用的集成，涵盖 CRM、营销、数据库和 API 等多个领域。
- 自定义节点开发：允许开发者创建自定义节点，扩展 n8n 的功能。
- 触发器与调度机制：支持多种触发方式，包括定时调度、Webhook、数据库监控等。
- 错误处理与重试机制：内置强大的错误处理和重试逻辑，确保工作流的稳定性。
- 数据映射与转换：强大的数据处理能力，可以轻松地转换和映射数据。
- 在 AI 驱动的应用中，n8n 可以充当"大脑"和"中枢神经系统"，协调不同的 AI 服务、数据源和业务逻辑，构建出复杂而强大的自动化流程。

15.1.2　n8n 的架构

如图 15.1 所示，n8n 采用了模块化的架构设计，主要由以下组件构成。

- 前端界面：基于 Vue.js 开发的直观可视化界面，用于设计和监控工作流。
- 工作流引擎：处理工作流的执行、调度和状态管理。
- 节点系统：每个节点代表一项功能或集成，是工作流的基本构建单元。
- 执行器：负责实际执行工作流中的节点操作。
- 数据存储：保存工作流定义、执行历史和凭证信息。

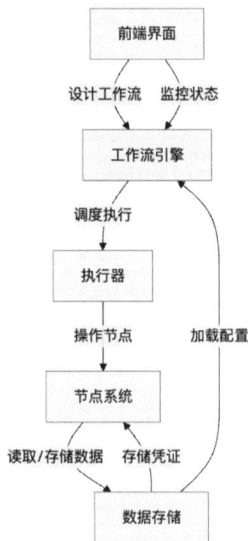

图 15.1　n8n 的架构

15.1.3　n8n 的工作原理

n8n 的工作原理可以简化为以下步骤，如图 15.2 所示。

- 用户通过可视化界面创建工作流，连接各个节点。
- 工作流通过触发器启动，如 HTTP 请求、定时任务等。
- 工作流引擎按照定义的顺序执行节点操作。
- 数据在节点之间流动，每个节点可以处理、转换或发送数据。

● 工作流执行后，可以将结果发送到指定目标，如数据库、API 等。同时，执行状态（包括成功/失败、时间戳以及输入输出数据）会被实时记录到执行历史中，并持久化存储到数据库，以便用户进行审计。

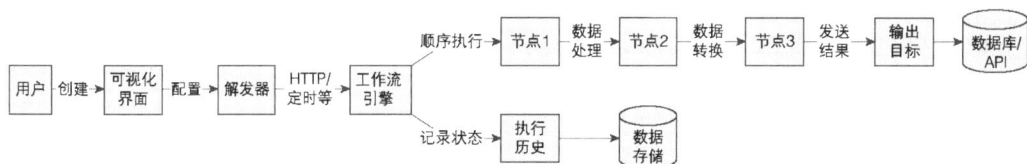

图 15.2　n8n 的工作原理

在 MCP 服务的集成中，n8n 可以作为调用方，通过 HTTP 请求与 MCP 服务器通信，并处理返回的结果。

15.1.4　快速入门

使用 npx 尝试 n8n，但需要先安装 Node.js。

```
npx n8n
npm install n8n -g
```

如图 15.3 所示，输入 npx n8n，运行命令下载 n8n，输入 y 后等待即可，当下载完成后，就可以使用命令 n8n start 启动。

图 15.3　npx 下载界面

或使用 Docker 部署，如图 15.4 所示，命令如下。

```
docker volume create n8n_data
```

```
docker run -it --rm --name n8n -p 5678:5678 -v n8n_data:/home/node/.n8n
docker.n8n.io/n8nio/n8n
```

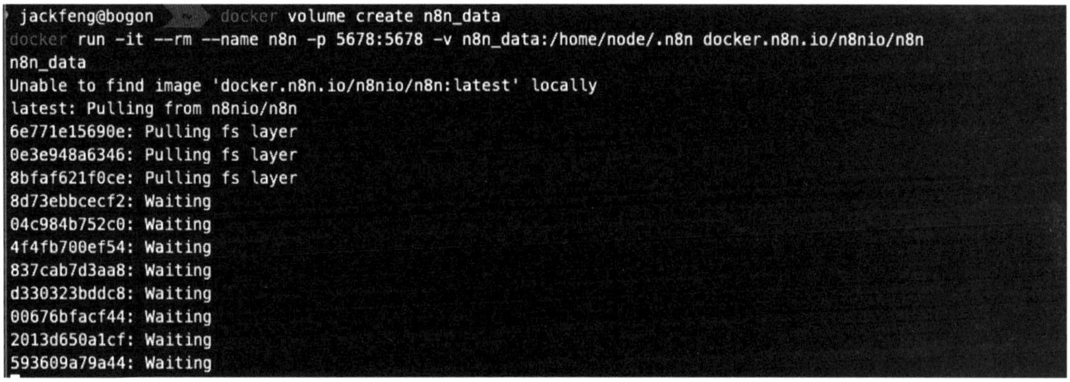

图 15.4　使用 Docker 部署

安装完成后服务启动，如图 15.5 所示。

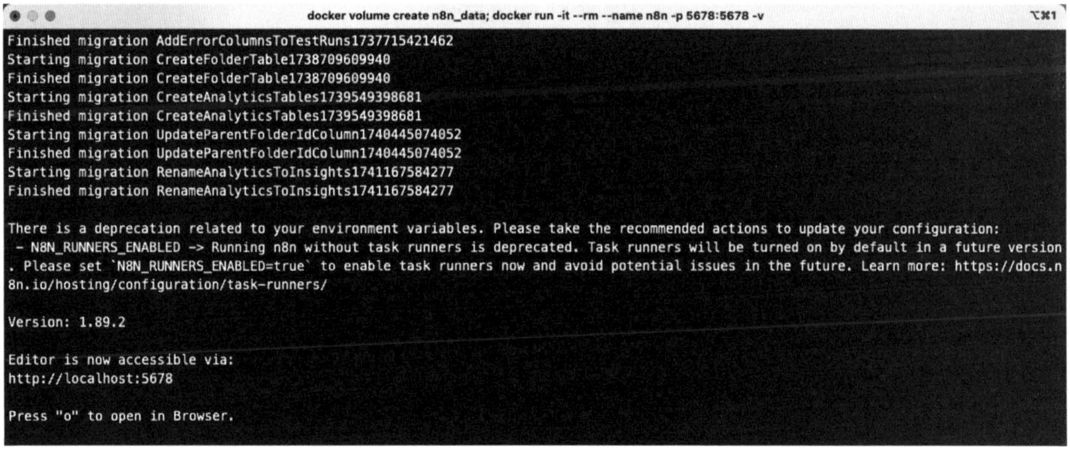

图 15.5　服务启动

访问编辑器。输入 http://localhost:5678/setup 进入设置，输入对应信息，单击 Next 按钮，如图 15.6 所示。

填写对应的邮箱，激活免费社区版本，如图 15.7 所示。

在"使用和计划"对话框中输入收到的激活密钥即可激活社区版本，如图 15.8 所示。

图 15.6　注册界面

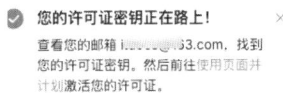

图 15.7　填写邮箱

图 15.8　密钥激活界面

15.2　DeepSeek 模型解析与集成

DeepSeek 是一个强大的大模型，具有卓越的自然语言理解和生成能力。相比于其他大模型，DeepSeek 在中文处理和专业知识方面有着独特的优势。

DeepSeek 模型主要有以下特点。

- 多语言处理能力：DeepSeek 在中英文双语环境下表现出色，尤其在中文语境的理解和生成方面有着深厚的积累。
- 代码生成与理解：DeepSeek 具有强大的编程能力，可以生成、理解和调试各种编程语言的代码。
- 上下文理解与长文本处理：DeepSeek 能够处理长文本并保持上下文的连贯性，适合复杂任务。
- 专业领域知识：DeepSeek 在金融、医疗、法律等多个专业领域具有深入的知识背景。
- API 接口简洁易用：DeepSeek 提供标准化的 API 接口，易于与各类应用集成。

在 MCP 服务中集成 DeepSeek 模型，需要实现以下功能。

- 封装 DeepSeek API 调用。
- 构建适合不同分析场景的提示词模板。
- 处理 API 响应并格式化输出。
- 实现异步调用以提高性能。
- 提供同步接口以兼容 MCP 工具调用。

DeepSeek 服务的核心代码实现了以下功能。

- 使用 Pydantic 定义规范的参数模型。
- 异步调用 DeepSeek API 以提高性能。
- 为不同分析类型（摘要、情感、关键词）提供专门的提示词。
- 提供同步接口以兼容 MCP 工具调用机制。

以下是实现代码。

```python
from typing import Dict, Any, Optional
from pydantic import BaseModel, Field
import httpx
import asyncio
from src.fastapi_mcp.core.config import settings


class TextAnalysisParams(BaseModel):
    """文本分析参数模型"""
    text: str = Field(..., description="要分析的文本")
    analysis_type: str = Field("summary", description="分析类型", enum=["summary",
"sentiment", "keywords"])
    max_tokens: Optional[int] = Field(1024, description="最大生成令牌数", ge=1,
le=8192)


async def query_deepseek(
        prompt: str,
        max_tokens: int = 1024,
        temperature: float = 0.7,
        system_message: Optional[str] = None
) -> Dict[str, Any]:
    """查询 DeepSeek API"""
    api_key = settings.DEEPSEEK_API_KEY
    api_url = settings.DEEPSEEK_API_URL

    # 构建消息
    messages = []
    if system_message:
        messages.append({"role": "system", "content": system_message})
    messages.append({"role": "user", "content": prompt})

    # 构建请求
```

```python
    payload = {
        "model": "deepseek-chat",
        "messages": messages,
        "max_tokens": max_tokens,
        "temperature": temperature
    }

    # 发送请求
    async with httpx.AsyncClient() as client:
        response = await client.post(
            api_url,
            headers={"Authorization": f"Bearer {api_key}"},
            json=payload
        )
        response.raise_for_status()
        result = response.json()

        return {
            "content": result["choices"][0]["message"]["content"],
            "usage": result["usage"],
            "model": result["model"]
        }


async def analyze_text(
        text: str,
        analysis_type: str = "summary",
        max_tokens: int = 1024
) -> Dict[str, Any]:
    """使用 DeepSeek 分析文本"""
    system_message = "你是一个专业的文本分析助手，请根据要求分析提供的文本。"

    prompts = {
```

```python
        "summary": f"请对以下文本进行简洁的总结，提取关键信息：\n\n{text}",
        "sentiment": f"请分析以下文本的情感倾向(积极、消极或中性)，并给出理由：\n\n{text}",
        "keywords": f"请从以下文本中提取 10 个最重要的关键词或短语：\n\n{text}",
    }

    if analysis_type not in prompts:
        raise ValueError(f"不支持的分析类型：{analysis_type}")
    result = await query_deepseek(
        prompt=prompts[analysis_type],
        max_tokens=max_tokens,
        temperature=0.3,
        system_message=system_message
    )

    return {
        "text": text[:100] + "..." if len(text) > 100 else text,
        "analysis_type": analysis_type,
        "result": result["content"],
        "model": result.get("model", "deepseek")
    }


def analyze_text_sync(
        text: str,
        analysis_type: str = "summary",
        max_tokens: int = 1024
) -> Dict[str, Any]:
    """同步版本的文本分析函数"""
    loop = asyncio.new_event_loop()
    try:
        result = loop.run_until_complete(analyze_text(text, analysis_type,
max_tokens))
```

```
    return result
finally:
    loop.close()
```

在 FastAPI 中将 DeepSeek 服务注册为 MCP 工具，使其可以被 AI 模型调用，代码如下。

```
# DeepSeek 文本分析工具
mcp_handler.register_tool(
    "text_analyze",
    analyze_text_sync,
    "使用 DeepSeek AI 分析文本",
    TextAnalysisParams
)
```

15.3　构建 n8n 与 FastAPI MCP 服务器的集成

15.3.1　设计 n8n 适配器

为了让 n8n 能够轻松调用 MCP 服务，我们需要创建专门的适配器。适配器将作为 n8n 和 MCP 服务器之间的桥梁，提供简化的 API 接口。

n8n 与 MCP 服务器之间的通信流程如下。

- 初始化会话：n8n 工作流首先调用/api/n8n/init 接口，传递工作流 ID（workflow_id），获取会话 ID（session_id）和认证密钥（auth_key）。
- 建立会话：n8n 将获取到的 session_id 和 auth_key 存储在本地工作流上下文中，确保在整个工作流周期内所有后续请求都共享此会话，以维持状态一致性。

● 执行工具：工作流中的节点调用/api/n8n/execute 接口，指定工具名称（tool_name）和参数（params），执行 MCP 工具。

● 处理结果：n8n 节点处理 MCP 工具返回的结果，并可以将其传递给后续节点。

● 关闭会话：工作流结束时，可以调用/api/n8n/session/{workflow_id}接口关闭会话。

如图 15.9 所示，这种设计允许 n8n 工作流在一个工作流周期内复用同一个 MCP 会话，提高了效率并保持了状态一致性。

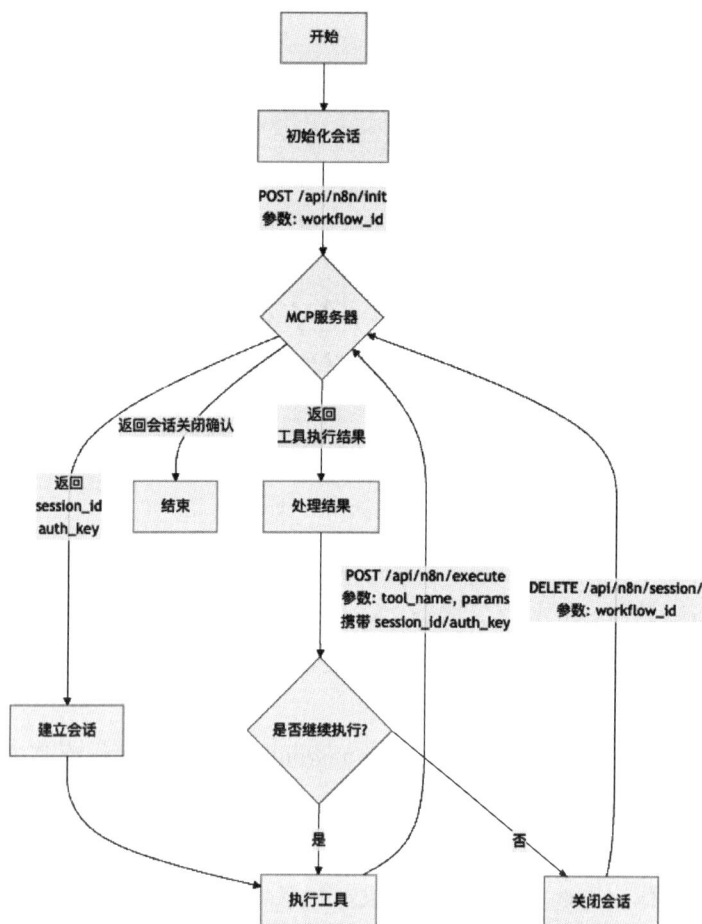

图 15.9　MCP 通信流程

15.3.2 实现 n8n 适配器

在 MCP 的架构中，n8n 适配器扮演着连接 MCP 与 n8n 工作流自动化平台的重要角色。通过这个适配器，我们可以将 MCP 的工具和服务无缝集成到 n8n 工作流中，实现更强大的自动化功能。n8n 适配器采用 FastAPI 框架实现，主要包含以下几个核心组件。

- 请求模型定义：包括 WorkflowIdRequest（工作流 ID 请求模型）、ToolExecuteRequest（工具执行请求模型）。
- 会话管理：使用 n8n_sessions 字典缓存工作流会话信息，支持会话的创建、使用和关闭。
- API 路由：包括/init（初始化 n8n 工作流会话）、/execute（执行 MCP 工具）、/session/{workflow_id}（关闭指定工作流的会话）、/tools（获取可用工具列表）。

实现 n8n 适配器的代码如下。

```python
# app/integrations/n8n_adapter.py
from typing import Dict, Any, List, Optional
from fastapi import APIRouter, Body, HTTPException, status
from pydantic import BaseModel
import json
from src.fastapi_mcp.core.config import settings
from src.fastapi_mcp.core.mcp import mcp_handler, MCPMessage

# 创建请求模型
class WorkflowIdRequest(BaseModel):
    workflow_id: str


class ToolExecuteRequest(BaseModel):
    workflow_id: str
    tool_name: str
    arguments: Dict[str, Any] = {}
```

```python
# 创建 n8n 专用路由
router = APIRouter(
    prefix=f"{settings.API_PREFIX}/n8n",
    tags=["n8n 集成"]
)

# 初始化会话缓存
n8n_sessions: Dict[str, Dict[str, Any]] = {}

@router.post("/init")
async def init_n8n_session(request: Optional[WorkflowIdRequest] = None,
workflow_id: str = Body(None)):
    """为 n8n 工作流初始化 MCP 会话

    支持两种请求格式：
    1. 直接传递字符串作为 workflow_id: "my_workflow_id"
    2. 使用 JSON 对象: {"workflow_id": "my_workflow_id"}
    """
    # 提取 workflow_id
    wf_id = None

    # 如果是 Pydantic 模型请求
    if request and hasattr(request, "workflow_id"):
        wf_id = request.workflow_id
    # 如果是直接传递的字符串
    elif isinstance(workflow_id, str):
        wf_id = workflow_id
    # 默认 workflow_id
    else:
        wf_id = "default_workflow"

    # 确保 workflow_id 是字符串
```

```python
    workflow_id_str = str(wf_id)

    # 检查是否已有会话
    if workflow_id_str in n8n_sessions:
        return n8n_sessions[workflow_id_str]

    # 创建新会话
    session = mcp_handler.create_session()
    session_info = {
        "session_id": session.session_id,
        "auth_key": session.auth_key,
        "workflow_id": workflow_id_str,
        "supported_tools": session.supported_tools,
        "tool_definitions": mcp_handler.get_tool_definitions()
    }

    # 保存会话信息
    n8n_sessions[workflow_id_str] = session_info
    return session_info


@router.post("/execute")
async def execute_tool(request: ToolExecuteRequest):
    """执行 MCP 工具 (供 n8n 调用)"""
    workflow_id = request.workflow_id
    tool_name = request.tool_name
    arguments = request.arguments
    print(f"收到工具执行请求: tool_name={tool_name}, arguments={arguments}")
    if not workflow_id or not tool_name:
        raise HTTPException(
            status_code=status.HTTP_400_BAD_REQUEST,
```

```python
            detail="必须提供 workflow_id 和 tool_name"
        )

    # 特殊处理数据分析工具的 columns 参数
    if tool_name == "data_analysis" and "columns" in arguments:
        columns = arguments["columns"]
        print(f"处理前 columns 参数: 类型={type(columns)}, 值={columns}")

        # 如果 columns 已经是列表，保持不变
        if isinstance(columns, list):
            print("columns 已经是列表类型，无需转换")
            pass
        # 如果 columns 是字符串且不是空字符串，尝试转换为列表
        elif isinstance(columns, str) and columns.strip():
            try:
                # 尝试当作 JSON 解析
                if columns.startswith('[') and columns.endswith(']'):
                    arguments["columns"] = json.loads(columns)
                    print(f"通过 JSON 解析 columns: {arguments['columns']}")
                # 否则按逗号拆分
                else:
                    arguments["columns"] = [col.strip() for col in columns.
split(',') if col.strip()]
                    print(f"通过逗号拆分 columns: {arguments['columns']}")
            except Exception as e:
                print(f"columns 解析错误: {str(e)}")
                # 转换失败，设置为 None
                arguments["columns"] = None
        # 如果是空字符串、null 或其他值，设置为 None
        else:
            print(f"将无效 columns 值设置为 None")
            arguments["columns"] = None
```

```python
    print(f"处理后 columns 参数：值={arguments['columns']}")

# 获取会话信息
workflow_id_str = str(workflow_id)
if workflow_id_str not in n8n_sessions:
    # 自动创建会话
    print(f"为工作流 {workflow_id_str} 创建新会话")
    session_info = await init_n8n_session(workflow_id=workflow_id_str)
else:
    print(f"使用已存在的工作流会话 {workflow_id_str}")
    session_info = n8n_sessions[workflow_id_str]

# 创建 MCP 消息
message = MCPMessage(
    tool_name=tool_name,
    arguments=arguments,
    authentication_key=session_info["auth_key"]
)

# 处理消息
try:
    print(f"处理 MCP 消息：{message}")
    response = mcp_handler.process_message(message, session_info
["session_id"])
    print(f"MCP 响 应 ： message_id={response.message_id}, result=
{response.result}")

    if response.result is None and response.error:
        print(f"处理错误：{response.error}")
        return {
            "success": False,
            "error": response.error,
```

```python
            "message_id": response.message_id,
            "tool_name": response.tool_name
        }
    return {
        "success": True,
        "message_id": response.message_id,
        "tool_name": response.tool_name,
        "result": response.result
    }
except Exception as e:
    import traceback
    error_trace = traceback.format_exc()
    print(f"执行工具异常: {str(e)}\n{error_trace}")
    return {
        "success": False,
        "error": str(e),
        "trace": error_trace.split("\n")
    }


@router.delete("/session/{workflow_id}")
async def close_n8n_session(workflow_id: str):
    """关闭 n8n 工作流的 MCP 会话"""
    workflow_id_str = str(workflow_id)
    if workflow_id_str not in n8n_sessions:
        raise HTTPException(
            status_code=status.HTTP_404_NOT_FOUND,
            detail=f"工作流 {workflow_id_str} 的会话不存在"
        )

    session_info = n8n_sessions[workflow_id_str]
    session = mcp_handler.get_session(session_info["session_id"])
    if session:
```

```
        session.disconnect()
    del n8n_sessions[workflow_id_str]
    return {"message": f"工作流 {workflow_id_str} 的会话已关闭"}



@router.get("/tools")
async def get_available_tools():
    """获取所有可用工具定义"""
    return {
        "tools": list(mcp_handler.get_tool_definitions().keys()),
        "definitions": mcp_handler.get_tool_definitions()
    }
```

15.3.3　将 n8n 适配器集成到 FastAPI 应用

将 n8n 适配器集成到 FastAPI 主应用是关键步骤。这个过程不仅需要正确配置路由，还需要确保适配器能够与现有的 MCP 功能无缝协作，将 n8n 适配器添加到主应用 main.py 中，通过这种集成方式，n8n 适配器成为 MCP 平台的重要组成部分，为用户提供了强大的自动化能力。这种集成不仅提高了系统的可用性，也为用户提供了更多的可能性，集成后的 MCP 路由视图如图 15.10 所示。示例代码如下。

```
# 注册 n8n 路由
from src.fastapi_mcp.integrations import n8n_adapter
app.include_router(n8n_adapter.router)

# 功能增强-中间件支持
# main.py
from fastapi.middleware.cors import CORSMiddleware

# 配置 CORS
```

```python
app.add_middleware(
    CORSMiddleware,
    allow_origins=["*"],
    allow_credentials=True,
    allow_methods=["*"],
    allow_headers=["*"],
)

# 添加请求日志中间件
@app.middleware("http")
async def log_requests(request, call_next):
    # 记录请求信息
    logger.info(f"Request: {request.method} {request.url}")
    response = await call_next(request)
    return response

#错误处理
# main.py
from fastapi import HTTPException
from fastapi.responses import JSONResponse

@app.exception_handler(HTTPException)
async def http_exception_handler(request, exc):
    return JSONResponse(
        status_code=exc.status_code,
        content={"detail": exc.detail},
    )

@app.exception_handler(Exception)
async def general_exception_handler(request, exc):
    return JSONResponse(
        status_code=500,
```

```
    content={"detail": "Internal server error"},
)
```

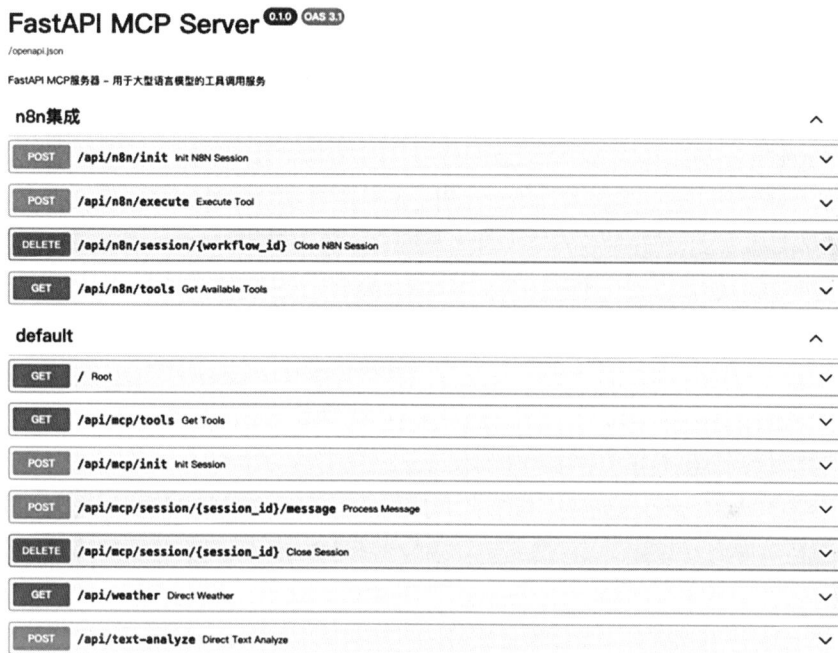

图 15.10　MCP 路由视图

15.4　DeepSeek 模型集成

15.4.1　创建 DeepSeek 工具服务

DeepSeek 工具服务是一个重要的 AI 能力扩展组件。该服务通过集成 DeepSeek 大语言模型，为平台提供了强大的文本分析和处理能力，可以适应各种文本分析场景。这种集成不仅提高了平台的智能化水平，也为用户提供了更多的可能性。创建 DeepSeek 工具服务的代码如下。

```python
#!/usr/bin/env python3
# -*-coding:utf-8 -*

from typing import Dict, Any, Optional, List
from pydantic import BaseModel, Field
import httpx
import json
import asyncio
from src.fastapi_mcp.core.config import settings


class DeepSeekParams(BaseModel):
    """DeepSeek 参数模型"""
    prompt: str = Field(..., description="提示词")
    max_tokens: Optional[int] = Field(1024, description="最大生成令牌数", ge=1,
le=8192)
    temperature: Optional[float] = Field(0.7, description="温度参数", ge=0,
le=1.0)
    system_message: Optional[str] = Field(None, description="系统消息")


async def query_deepseek(
        prompt: str,
        max_tokens: int = 1024,
        temperature: float = 0.7,
        system_message: Optional[str] = None
) -> Dict[str, Any]:
    """
    查询 DeepSeek API

    Args:
        prompt: 用户提示
        max_tokens: 最大生成令牌数
        temperature: 温度参数
```

```
        system_message: 系统消息

Returns:
    DeepSeek API 响应
"""
# 在实际应用中，这里应该使用你的 DeepSeek API 密钥
# 这里只是示例代码
api_key = settings.DEEPSEEK_API_KEY
api_url = settings.DEEPSEEK_API_URL


# 如果未配置 DeepSeek API，返回模拟响应
if not api_key:
    return {
        "content": f"这是对'{prompt}'的模拟响应。实际应用中需配置 DeepSeek API。",
        "usage": {
            "prompt_tokens": len(prompt.split()),
            "completion_tokens": 20,
            "total_tokens": len(prompt.split()) + 20
        },
        "model": "deepseek-mock",
        "is_mock": True
    }


# 构建请求
headers = {
    "Content-Type": "application/json",
    "Authorization": f"Bearer {api_key}"
}

messages = []
if system_message:
    messages.append({"role": "system", "content": system_message})
messages.append({"role": "user", "content": prompt})
```

```python
    payload = {
        "model": "deepseek-chat",
        "messages": messages,
        "max_tokens": max_tokens,
        "temperature": temperature
    }

    try:
        # 发送请求
        async with httpx.AsyncClient() as client:
            response = await client.post(api_url, headers=headers, json=payload)
            response.raise_for_status()
            result = response.json()
            # 处理结果
            return {
                "content": result["choices"][0]["message"]["content"],
                "usage": result["usage"],
                "model": result["model"]
            }
    except Exception as e:
        raise ValueError(f"查询 DeepSeek API 失败：{str(e)}")


# 文本分析函数
async def analyze_text(
        text: str,
        analysis_type: str = "summary",
        max_tokens: int = 1024
) -> Dict[str, Any]:
    system_message = "你是一个专业的文本分析助手，请根据要求分析提供的文本。"
    prompts = {
        "summary": f"请对以下文本进行简洁的总结，提取关键信息：\n\n{text}",
```

```
        "sentiment": f"请分析以下文本的情感倾向(积极、消极或中性),并给出理由:
\n\n{text}",
        "keywords": f"请从以下文本中提取 10 个最重要的关键词或短语:\n\n{text}",
    }

    if analysis_type not in prompts:
        raise ValueError(f"不支持的分析类型: {analysis_type}")

    result = await query_deepseek(
        prompt=prompts[analysis_type],
        max_tokens=max_tokens,
        temperature=0.3,
        system_message=system_message
    )

    return {
        "text": text[:100] + "..." if len(text) > 100 else text,
        "analysis_type": analysis_type,
        "result": result["content"],
        "model": result.get("model", "deepseek")
    }


# 为了支持同步调用,创建同步版本的文本分析函数
def analyze_text_sync(
        text: str,
        analysis_type: str = "summary",
        max_tokens: int = 1024
) -> Dict[str, Any]:
    """
    使用 DeepSeek 分析文本(同步版本)
    Args:
        text: 要分析的文本
        analysis_type: 分析类型 (summary, sentiment, keywords)
```

```
        max_tokens：最大生成令牌数

    Returns:
        分析结果
    """
    # 创建事件循环
    loop = asyncio.new_event_loop()
    asyncio.set_event_loop(loop)
    try:
        # 运行异步函数
        result = loop.run_until_complete(analyze_text(text, analysis_type,
max_tokens))
        return result
    finally:
        # 关闭事件循环
        loop.close()


class TextAnalysisParams(BaseModel):
    """文本分析参数模型"""
    text: str = Field(..., description="要分析的文本")
    analysis_type: str = Field("summary", description="分析类型", enum=
["summary", "sentiment", "keywords"])
    max_tokens: Optional[int] = Field(1024, description="最大生成令牌数",
ge=1, le=8192)
```

15.4.2　添加配置项和工具注册

在将 DeepSeek 工具服务集成到 MCP 平台中时，合理配置和注册是关键步骤。这一部分将详细介绍更新配置文件以支持 DeepSeek API，并在主应用中注册 DeepSeek 工具，以便在整个 MCP 平台中使用，更新配置文件以支持 DeepSeek API，示例代码如下。

```
# app/core/config.py (添加)
DEEPSEEK_API_KEY: Optional[str] = Field(None, env="DEEPSEEK_API_KEY")
DEEPSEEK_API_URL: str = Field(
    "https://api.deepseek.com/v1/chat/completions",
    env="DEEPSEEK_API_URL"
)


# app/main.py (添加注册)
from app.services.deepseek_tool import analyze_text, DeepSeekParams


# 注册 DeepSeek 工具
mcp_handler.register_tool(
    "text_analyze",
    analyze_text,
    "使用 DeepSeek 分析文本内容",
    DeepSeekParams
)
```

15.5　完整的 AI 驱动数据分析应用示例

15.5.1　创建数据分析工具

　　本节将创建一个完整的案例，展示如何使用 FastAPI、n8n 和 DeepSeek 构建一个 AI 驱动的数据分析应用，FastAPI 用于创建强大的 API，处理和分析数据请求，n8n 负责连接器工具，用于构建自动化工作流程，帮助从不同来源摄取和处理数据，DeepSeek 负责 AI 服务，用于自动生成数据分析结果和商业洞察。案例代码如下。

```
# data_analysis_tool.py
```

```python
from typing import Dict, Any, Optional, List
from pydantic import BaseModel, Field
import pandas as pd
import os
import json
import base64
import matplotlib.pyplot as plt
import io
import asyncio
import pathlib
from src.fastapi_mcp.core.config import settings
from src.fastapi_mcp.services.deepseek_tool import query_deepseek

# 获取项目根目录的绝对路径
PROJECT_ROOT = pathlib.Path(__file__).parent.parent.parent.parent.absolute()

class DataAnalysisParams(BaseModel):
    """数据分析参数模型"""
    file_name: str = Field(..., description="Excel 或 CSV 文件名")
    analysis_type: str = Field(
        ..., description="分析类型",
        enum=["statistics", "visualization", "insights"]
    )
    columns: Optional[List[str]] = Field(None, description="要分析的列（可选）")
async def analyze_data(
        file_name: str,
        analysis_type: str,
        columns: Optional[List[str]] = None
) -> Dict[str, Any]:
    # 确定文件类型和路径
    if file_name.endswith(('.xlsx', '.xls')):
        file_path = os.path.join(PROJECT_ROOT, settings.EXCEL_FILES_DIR, file_name)
```

```python
        df = pd.read_excel(file_path)
    elif file_name.endswith('.csv'):
        file_path = os.path.join(PROJECT_ROOT, settings.CSV_FILES_DIR, file_name)
        df = pd.read_csv(file_path)
    else:
        raise ValueError(f"不支持的文件类型: {file_name}")
    # 如果指定了列，则只保留这些列
    if columns:
        # 确保所有列都存在
        for col in columns:
            if col not in df.columns:
                raise ValueError(f"列 '{col}' 在文件中不存在")
        df = df[columns]
    # 根据分析类型执行不同操作
    if analysis_type == "statistics":
        # 基础统计分析
        result = {
            "file_name": file_name,
            "row_count": len(df),
            "column_count": len(df.columns),
            "columns": df.columns.tolist(),
            "statistics": {}
        }
        # 对每一列进行统计
        for col in df.columns:
            col_stats = {}
            # 数值列
            if pd.api.types.is_numeric_dtype(df[col]):
                col_stats = {
                    "mean": float(df[col].mean()),
                    "median": float(df[col].median()),
                    "std": float(df[col].std()),
                    "min": float(df[col].min()),
```

```python
                "max": float(df[col].max()),
                "type": "numeric"
            }
        # 分类列
        else:
            value_counts = df[col].value_counts().to_dict()
            col_stats = {
                "unique_values": len(value_counts),
                "most_common": df[col].value_counts().index[0],
                "most_common_count":
int(df[col].value_counts().iloc[0]),
                "value_distribution": {str(k): int(v) for k, v in value_
counts.items() if pd.notna(k)},
                "type": "categorical"
            }

        result["statistics"][col] = col_stats
    return result
elif analysis_type == "visualization":
    # 创建可视化
    figures = []
    for col in df.columns:
        plt.figure(figsize=(10, 6))
        # 数值列：直方图
        if pd.api.types.is_numeric_dtype(df[col]):
            plt.hist(df[col].dropna(), bins=20, alpha=0.7)
            plt.title(f"{col} 分布")
            plt.xlabel(col)
            plt.ylabel("频率")
        # 分类列：条形图
        else:
            value_counts = df[col].value_counts().sort_values(ascending=
False).head(15)
```

```python
        value_counts.plot(kind='bar')
        plt.title(f"{col} 前 15 个类别")
        plt.xlabel(col)
        plt.ylabel("计数")
        plt.xticks(rotation=45, ha='right')
    # 将图表转换为 base64
    buffer = io.BytesIO()
    plt.tight_layout()
    plt.savefig(buffer, format='png')
    buffer.seek(0)
    # 将图像编码为 base64 字符串
    image_base64 = base64.b64encode(buffer.read()).decode('utf-8')
    figures.append(
        {
            "column": col,
            "image_data": f"data:image/png;base64,{image_base64}",
            "type": "numeric" if pd.api.types.is_numeric_dtype(df[col])
else "categorical"
        }
    )
    plt.close()
    return {
        "file_name": file_name,
        "columns_analyzed": df.columns.tolist(),
        "figures": figures
    }


elif analysis_type == "insights":
    # 使用 DeepSeek 生成数据洞察

    # 准备数据摘要
    data_summary = df.describe().to_string()
```

```python
        # 如果列太多，则只保留前 10 个样本；如果行太多，则只保留前 20 行
        if len(df.columns) > 10:
            sample_data = df.iloc[:20, :10].to_string()
        else:
            sample_data = df.iloc[:20].to_string()

        # 创建提示
        prompt = f"""
我需要你分析以下数据并提供洞察。
数据来源：{file_name}
行数：{len(df)}
列数：{len(df.columns)}
列名：{', '.join(df.columns.tolist())}
数据统计摘要：
{data_summary}
数据样本：
{sample_data}
请提供以下内容：
1．数据集概述
2．主要趋势和模式
3．异常值或特殊情况
4．可能的业务洞察
5．建议的进一步分析方向
        """
        # 调用 DeepSeek
        result = await query_deepseek(
            prompt=prompt,
            max_tokens=1500,
            temperature=0.3,
            system_message="你是一位数据分析专家，擅长从数据中提取有价值的洞察。"
        )
        return {
            "file_name": file_name,
```

```
            "columns_analyzed": df.columns.tolist(),
            "row_count": len(df),
            "insights": result["content"],
            "model": result.get("model", "deepseek")
        }
    else:
        raise ValueError(f"不支持的分析类型: {analysis_type}")

# 添加同步版本的数据分析函数
def sync_analyze_data(
        file_name: str,
        analysis_type: str,
        columns: Optional[List[str]] = None
) -> Dict[str, Any]:
    try:
        print(f"开始数据分析: file_name={file_name}, analysis_type={analysis_
type}, columns={columns}")

        # 确定文件类型和路径
        if file_name.endswith(('.xlsx', '.xls')):
            file_path = os.path.join(PROJECT_ROOT, settings.EXCEL_FILES_DIR,
file_name)
            print(f"Excel 文件路径: {file_path}")
            if not os.path.exists(file_path):
                raise ValueError(f"Excel 文件不存在: {file_path}")
            df = pd.read_excel(file_path)
        elif file_name.endswith('.csv'):
            file_path = os.path.join(PROJECT_ROOT, settings.CSV_FILES_DIR,
file_name)
            print(f"CSV 文件路径: {file_path}")
            if not os.path.exists(file_path):
                raise ValueError(f"CSV 文件不存在: {file_path}")
            df = pd.read_csv(file_path)
```

```python
    else:
        raise ValueError(f"不支持的文件类型：{file_name}，必须是.xlsx、.xls
或.csv 文件")

    print(f"数据加载成功：{len(df)}行，{len(df.columns)}列")
    print(f"列名：{df.columns.tolist()}")
    # 如果指定了列，则只保留这些列
    if columns:
        print(f"处理指定列：{columns}")
        # 确保所有列都存在
        missing_columns = [col for col in columns if col not in df.columns]
        if missing_columns:
            raise ValueError(f"指定的列在文件中不存在：{missing_columns}")

        df = df[columns]
        print(f"筛选后数据：{len(df)}行，{len(df.columns)}列")
    # 根据分析类型执行不同操作
    if analysis_type == "statistics":
        print("执行统计分析...")
        # 基础统计分析
        result = {
            "file_name": file_name,
            "row_count": len(df),
            "column_count": len(df.columns),
            "columns": df.columns.tolist(),
            "statistics": {}
        }

        # 对每一列进行统计
        for col in df.columns:
            print(f"分析列：{col}")
            col_stats = {}
            # 数值列
```

```python
            if pd.api.types.is_numeric_dtype(df[col]):
                col_stats = {
                    "mean": float(df[col].mean()),
                    "median": float(df[col].median()),
                    "std": float(df[col].std()),
                    "min": float(df[col].min()),
                    "max": float(df[col].max()),
                    "type": "numeric"
                }
            # 分类列
            else:
                value_counts = df[col].value_counts().to_dict()
                col_stats = {
                    "unique_values": len(value_counts),
                    "most_common": df[col].value_counts().index[0],
                    "most_common_count": int(df[col].value_counts().iloc[0]),
                    "value_distribution": {str(k): int(v) for k, v in
value_counts.items() if pd.notna(k)},
                    "type": "categorical"
                }
            result["statistics"][col] = col_stats
        print("统计分析完成")
        return result
    elif analysis_type == "visualization":
        print("执行可视化分析...")
        # 创建可视化
        figures = []
        for col in df.columns:
            print(f"生成图表: {col}")
            plt.figure(figsize=(10, 6))
            # 数值列: 直方图
            if pd.api.types.is_numeric_dtype(df[col]):
                plt.hist(df[col].dropna(), bins=20, alpha=0.7)
```

```
            plt.title(f"{col} 分布")
            plt.xlabel(col)
            plt.ylabel("频率")
        # 分类列：条形图
        else:
            value_counts = df[col].value_counts().sort_values(ascending=
False).head(15)
            value_counts.plot(kind='bar')
            plt.title(f"{col} 前 15 个类别")
            plt.xlabel(col)
            plt.ylabel("计数")
            plt.xticks(rotation=45, ha='right')
        # 将图表转换为 base64
        buffer = io.BytesIO()
        plt.tight_layout()
        plt.savefig(buffer, format='png')
        buffer.seek(0)
        # 将图像编码为 base64 字符串
        image_base64 = base64.b64encode(buffer.read()).decode('utf-8')
        figures.append(
            {
                "column": col,
                "image_data": f"data:image/png;base64,{image_base64}",
                "type": "numeric" if pd.api.types.is_numeric_dtype
(df[col]) else "categorical"
            }
        )
        plt.close()
    print("可视化分析完成")
    return {
        "file_name": file_name,
        "columns_analyzed": df.columns.tolist(),
```

```python
            "figures": figures
        }
    elif analysis_type == "insights":
        print("生成数据洞察...")
        # 对于 insights 分析，目前只能使用简单的统计信息
        # 因为异步的 deepseek 调用无法在这里使用
        insights_result = {
            "file_name": file_name,
            "columns_analyzed": df.columns.tolist(),
            "row_count": len(df),
            "insights": "简单的数据摘要:\n\n" + df.describe().to_string(),
            "model": "basic-statistics"
        }
        print("数据洞察生成完成")
        return insights_result
    else:
        raise ValueError(f"不支持的分析类型: {analysis_type}, 支持的类型:
statistics, visualization, insights")
except Exception as e:
    import traceback
    print(f"数据分析错误: {str(e)}")
    print(traceback.format_exc())
    # 返回错误信息而不是抛出异常
    return {
        "error": str(e),
        "traceback": traceback.format_exc()
    }
```

15.5.2　注册数据分析工具

在 main.py 文件中，我们需要导入数据分析工具的相关函数和参数模型，并将其注册到

系统中。以下是具体的实现步骤。

首先，需要从 src.fastapi_mcp.services.data_analysis_tool 模块中导入 analyze_data 函数和 DataAnalysisParams 类。这些模块包含了数据分析的核心功能。

接下来，使用 mcp_handler 来注册数据分析工具。mcp_handler 是一个用于管理工具注册的处理器，它允许我们将工具与特定的名称和描述关联起来。

```python
#在 main.py 中添加分析工具注册
from  src.fastapi_mcp.services.data_analysis_tool  import  analyze_data,
DataAnalysisParams

# 注册 AI 数据分析工具
mcp_handler.register_tool(
    "data_analysis",
    analyze_data,
    "AI 驱动的数据分析工具",
    DataAnalysisParams
)
```

15.5.3　在 n8n 中创建工作流

本节将详细介绍如何在 n8n 中创建 MCP 服务器工作流。n8n 是一个强大的工作流自动化工具，可以帮助我们轻松地集成和管理各种服务。下面介绍启动 n8n 的两种方式，以及创建 MCP 服务器工作流的具体步骤。

首先，确保你已经安装了 Node.js。然后，通过以下命令安装并启动 n8n。

```
#node 方式
npm install n8n -g
n8n start
```

如果你更喜欢使用 Docker，可以通过以下命令启动 n8n。

```
# docker 方式
```

```
sudo docker run -d --name n8n  -p 5678:5678 -v /home/n8n:/root/.n8n
ghcr.io/n8n-io/n8n:1.18.4
```

如图 15.11 所示，打开 n8n 界面，默认为 http://localhost:5678/home/workflows，然后创建新工作流。

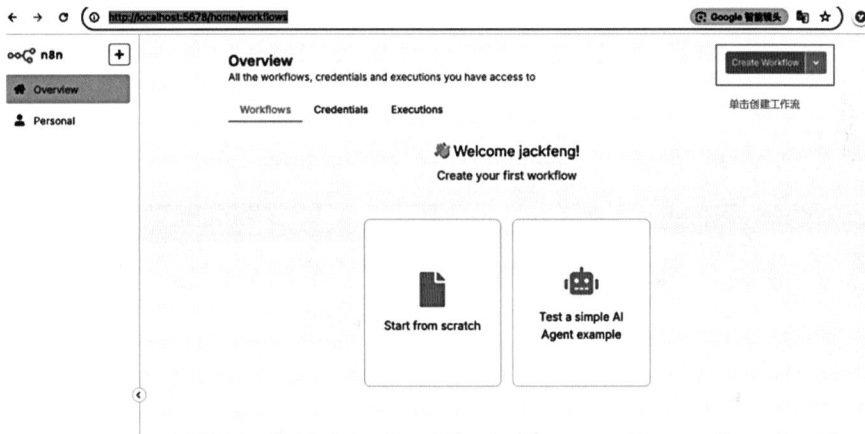

图 15.11　创建新工作流

如图 15.12 所示，配置 HTTP 触发器，添加 "HTTP" 触发器节点，设置为 POST 请求。

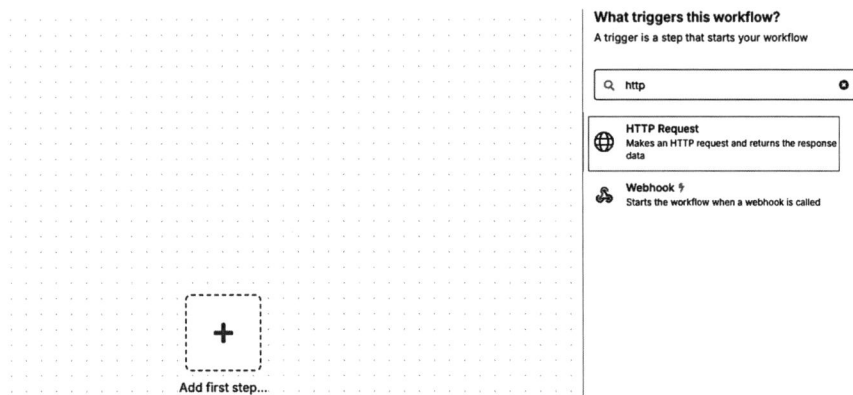

图 15.12　配置 HTTP 触发器

配置 MCP 会话初始化。

- 添加"HTTP 请求"节点。
- 设置为 POST 请求。
- URL: http://192.168.0.3:8735/api/n8n/init。
- Body: {"workflow_id": "{{$workflow.id}}"}。
- 解析响应: JSON。

注意，这里使用 docker 启动服务，配置 ip 使用 192.168.0.3，使用以下命令查看（如图 15.13 所示）。

```
ifconfig | grep "inet " | grep -v 127.0.0.1
```

图 15.13 查询 docker ip

如图 15.14 所示，单击 Execute step，可以看到通过 n8n 已经获取到工具列表了。

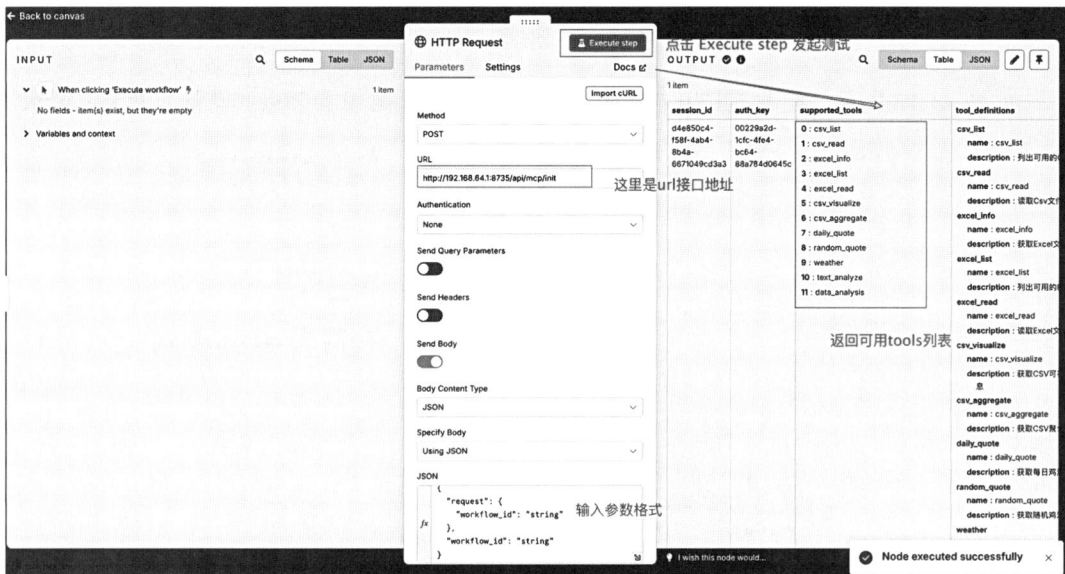

图 15.14 获取工具列表

配置数据分析节点，如图 15.15 所示。

● 添加"HTTP 请求"节点。

● 设置为 POST 请求。

● URL: http://192.168.64.1:8735/api/n8n/execute。

● Body: JSON 格式如下。

```
{"workflow_id": "test-workflow", "tool_name": "data_analysis", "arguments":
{"file_name": "employees.csv", "analysis_type": "statistics", "columns":
["age", "salary"]}}
```

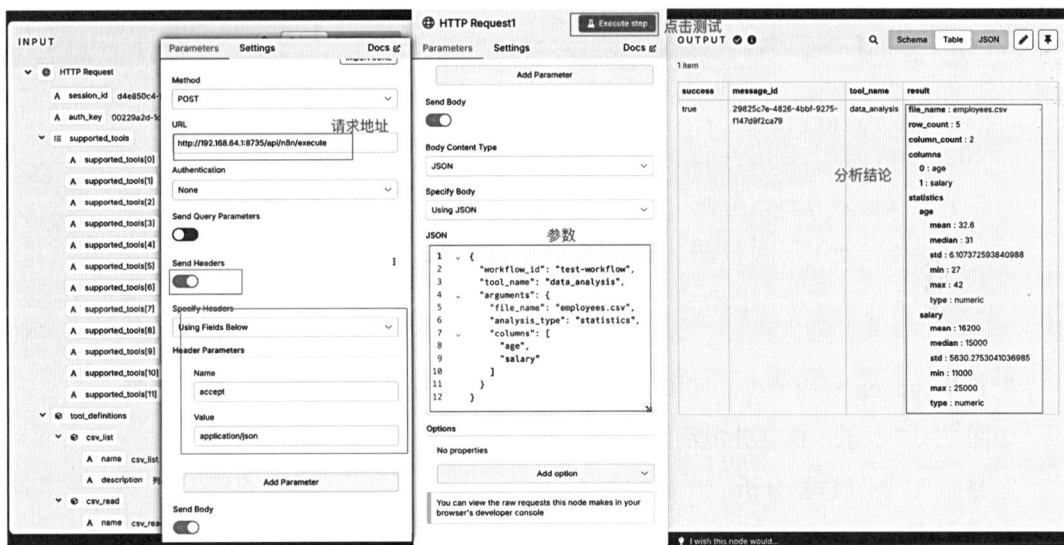

图 15.15　配置数据分析节点

配置响应节点。

● 添加"响应"节点。

● 数据: {{$node["HTTP 请求"].json.result}}。

创建完整的工作流，Webhook 触发器 → HTTP 请求节点 → 响应 Webhook 节点。

● [Webhook]是接收外部请求的入口点。

● [HTTP 请求]是调用你的 FastAPI 服务的节点。

- [响应 Webhook]是将结果返回给调用者的节点。

设置后，当有请求发送到 n8n 的 Webhook 端点时，n8n 会执行工作流，调用 FastAPI 服务进行数据分析，然后通过响应 Webhook 节点将结果返回给请求发起方。

配置 HTTP 请求节点。

- 名称：设置为"HTTP 请求 2"或你喜欢的名称。

- 方法：POST URL：http://192.168.0.3:8735/api/n8n/execute（使用你本机的 IP 地址）。

以下代码是工作流发起请求的传参。

```
{
  "workflow_id": "{{$workflow.id}}",
  "tool_name": "data_analysis",
  "arguments": {
    "file_name": "employees.csv",
    "analysis_type": "statistics",
    "columns": ["age", "salary"]
  }
}
```

配置 Webhook 响应节点。如图 15.16 所示，单击 Parameters 选项，进行配置。

如图 15.17 所示，保存并激活工作流，单击 Save 按钮，即可激活工作流。

完整的 AI 驱动数据分析应用流程如下。

- 用户将 Excel/CSV 文件上传到 MCP 服务器的数据目录。

- 用户通过 n8n 工作流界面选择文件和分析类型。

- n8n 工作流触发 MCP 服务器的数据分析工具。

- 数据分析工具处理数据并在需要时调用 DeepSeek 生成洞察。

- 系统会自动判断是否需要 AI 增强；数据分析工具随后处理数据并在需要时调用 DeepSeek 生成洞察。

- 结果返回给 n8n 并呈现给用户。

图 15.16　配置 Webhook 响应节点

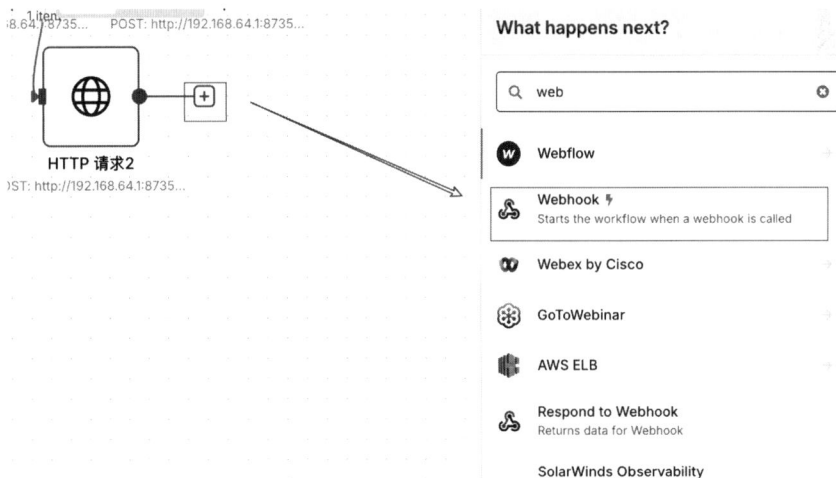

图 15.17　激活工作流

结束语

Concluding Remarks

感谢您的陪伴，希望本书能够为您在 FastAPI 的旅程上提供坚实的基础。通过本书，我们一起探索了 FastAPI 的核心功能，包括创建 API、数据验证、异步编程及依赖注入等。FastAPI 的设计哲学是简洁与高效，并且随着时间的推移，它在开发者社区中赢得了广泛的认可和应用。

FastAPI 是现代 Web 开发的强大工具，特别是在构建高性能 API 方面。它不仅加快了开发速度，还保证了通过自动生成的文档和广泛的社区支持来提高代码的质量和可维护性。虽然 FastAPI 已经非常强大和灵活，但任何技术都不是万能的。合理评估项目需求，并结合其他技术栈使用，是每个开发者在使用 FastAPI 时需要考虑的重点。

后　记

Epilogue

随着技术的不断发展，FastAPI 也在不断地更新和完善。作为开发者，我们应当持续关注其变化，以免错过任何可以提升我们开发效率和项目质量的新特性或工具。未来，FastAPI 可能会进一步优化其性能，扩展更多的功能，或更好地整合其他现代开发工具和框架。持续学习和适应新技术，将是我们每个人不断进步的动力。

再次感谢您选择本书作为学习 FastAPI 的指南，希望在不久的将来，我们能在代码的世界里再次相遇。